用传统窗格技艺提升家具品位

组子细工

〔美〕马特·肯尼◎著　向柳蓁◎译

北京科学技术出版社

免责声明： 由于木工操作过程本身存在受伤的风险，因此本书无法保证书中的技术对每个人来说都是安全的。如果你对任何操作心存疑虑，请不要尝试。出版商和作者不对本书内容或读者为了使用书中的技术使用相应工具造成的任何伤害或损失承担任何责任。出版商和作者敦促所有操作者遵守木工操作的安全指南。

著作权合同登记号　图字：01-2023-1950

图书在版编目（CIP）数据

组子细工 /（美）马特·肯尼著；向柳蓁译. —北京：北京科学技术出版社，2023.9
书名原文：The Art of Kumiko
ISBN 978-7-5714-3035-1

Ⅰ.①组…　Ⅱ.①马…　②向…　Ⅲ.①木工－手工艺品－制作　Ⅳ.①TS973.59

中国国家版本馆 CIP 数据核字（2023）第 100929 号

策划编辑： 刘　超
责任编辑： 刘　超
责任校对： 贾　荣
图文制作： 天露霖文化
责任印制： 李　茗
出 版 人： 曾庆宇
出版发行： 北京科学技术出版社
社　　址： 北京西直门南大街 16 号
邮政编码： 100035
ISBN 978-7-5714-3035-1

电　　话： 0086-10-66135495（总编室）
0086-10-66113227（发行部）
网　　址： www.bkydw.cn
印　　刷： 北京利丰雅高长城印刷有限公司
开　　本： 787 mm × 1092 mm　1/16
字　　数： 250 千字
印　　张： 10.5
版　　次： 2023 年 9 月第 1 版
印　　次： 2023 年 9 月第 1 次印刷

定　　价： 79.00 元

作者简介

马特·肯尼（Matt Kenny）在康涅狄格州的沃特敦生活和工作。他从小就喜欢用木材制作树堡、滑板坡道这样的东西。他现在是一名家具工匠，他对木工技艺充满热情，经常与其他木匠交流经验，分享体会。他在木工杂志上发表了很多文章，他制作的视频也被这些杂志选中作为教学视频。他还是《52周制作52个盒子》（*52 Boxes in 52 Weeks*）的作者。这本书记录了他在一年中设计和制作的52件箱式作品。很幸运，他取得了成功。

马特也在美国和海外的学校向人们传授木工技艺。他同样是双周播客“马特和乔的木工娱乐时间”（The Matt and Joe Woodworking Fun Hour）的联合主持人。作为《精细木工》（*Fine Woodworking*）杂志的前编辑，马特走在组子技术复兴的前沿。

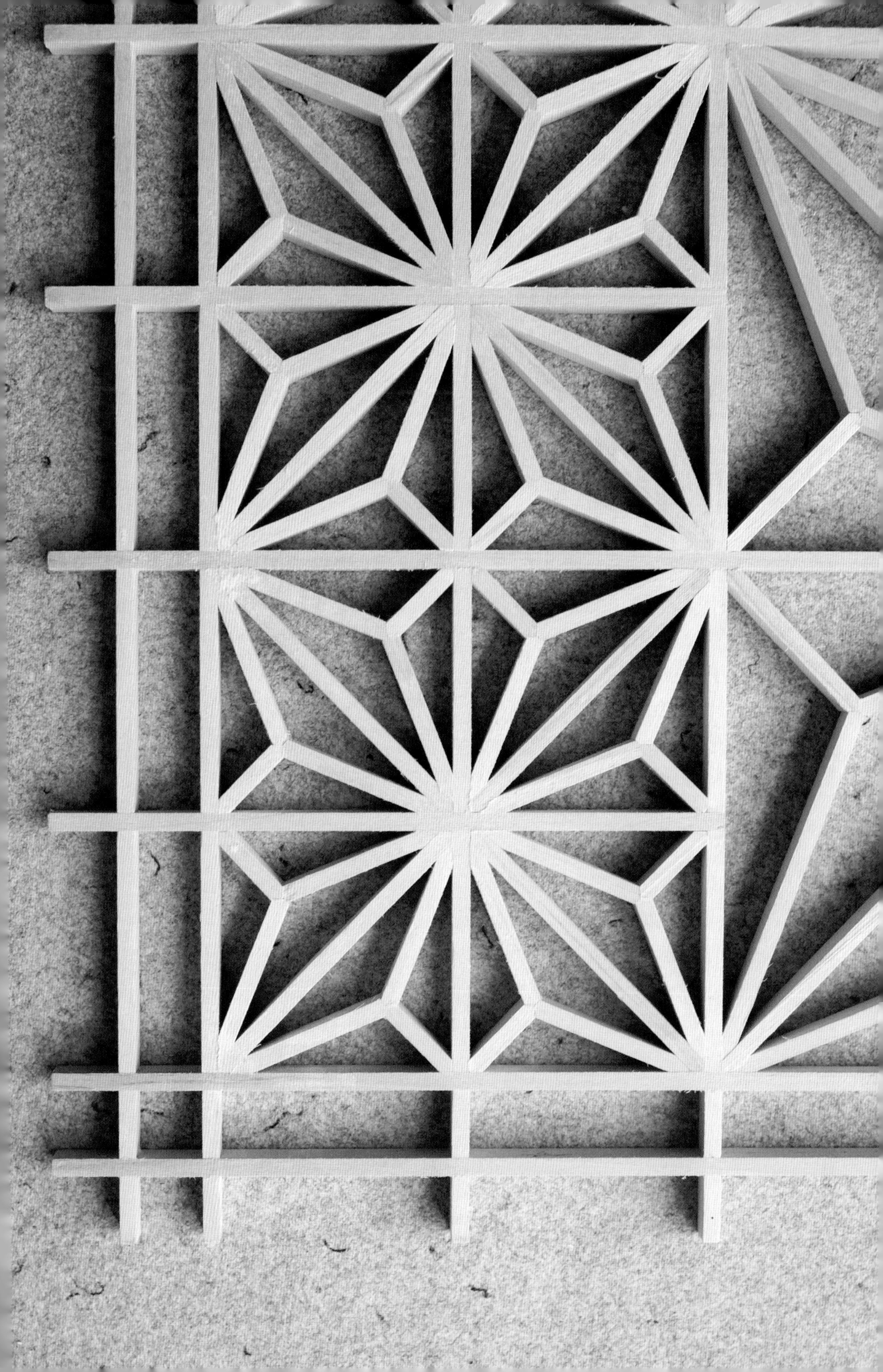

致 谢

如果不是我的父母比尔·肯尼（Bill Kenny）和帕特·肯尼（Pat Kenny），我不会取得今天的成就。从他们身上，我学到了通过努力工作、热情奉献和对自己的信任，任何事情都可以做到。他们对我无尽的爱和信任给了我足够的力量，使我可以将从他们身上学到的东西付诸实践，并追求我的梦想。我希望我的这些话同样能让你变得自信。我很感激我的孩子格雷丝（Grace）和伊莱贾（Elijah）。没有他们，我就不会具备成为一个有创造力的人所需的耐心、同理心和坦率。作为他们的父亲，我学到了很多，他们使我变得比之前更优秀。我同样非常珍惜与乔·马祖拉克（Joe Mazurek）一起工作的时光。他传授我制作家具的技术，且不求回报。他的友好将我带入了专业家具制作的殿堂。我同时也很感激马修·蒂格（Matthew Teague），他不厌其烦地提醒我撰写这本书。我很高兴我最终答应了他。最后，我要感谢这些年支持我工作的所有人。他们对我的作品表现出来的热情激励着我，没有他们的支持，我不会有今天的成就。非常感谢！

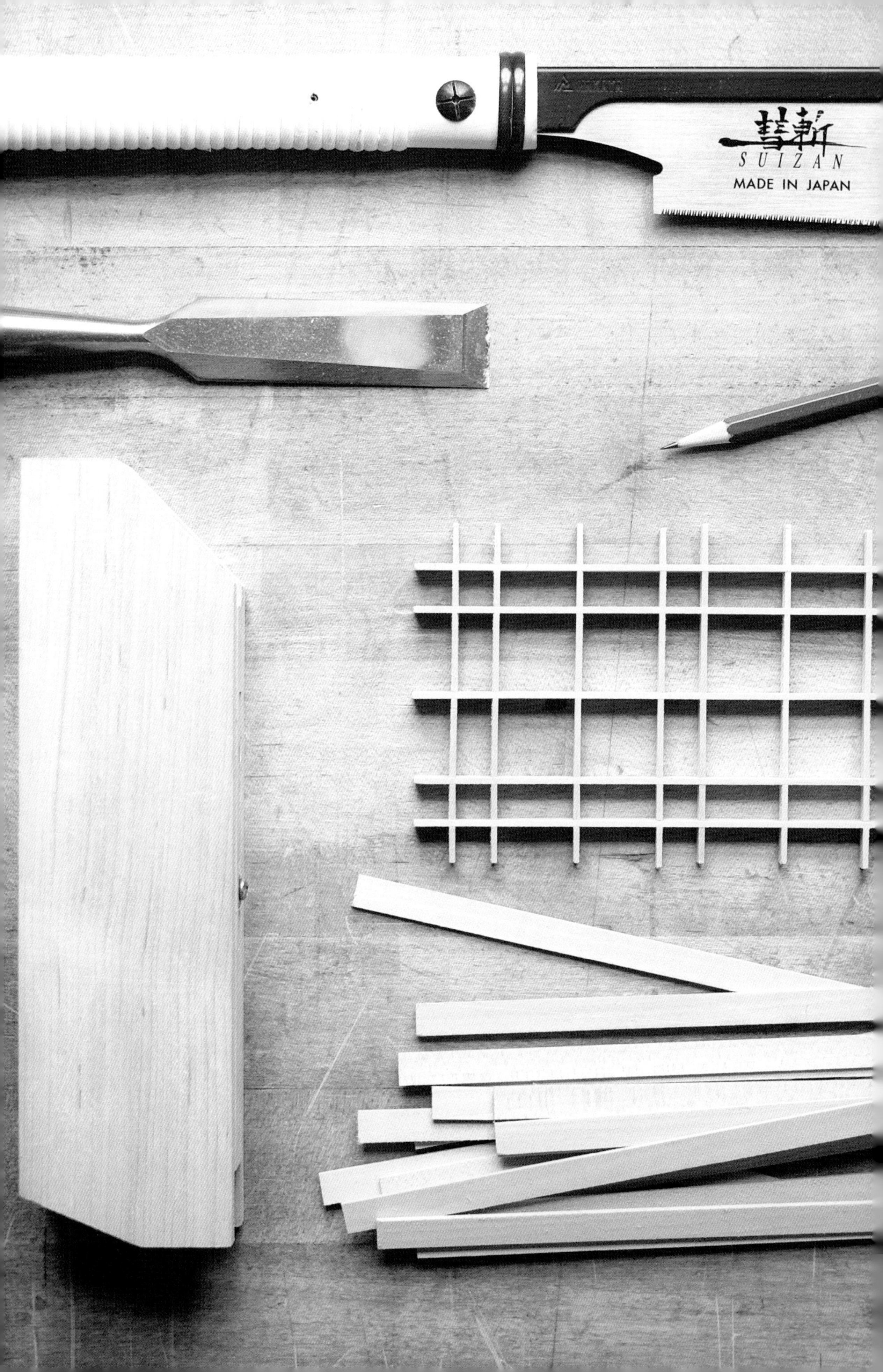
SUIZAN
MADE IN JAPAN

引　言

2016年的3月，我制作了第一件组子组件，一个简单的框架。我将其安装在了一件茶柜的门上。那是我在那一年制作的52件箱式作品中的一件。在那之后不久，我在制作第51件作品——另外一件茶柜的底座时，再次使用了组子。尽管当时并没有使用填充图案，但我还是被组子的效果吸引了。框架干净的线条和几何形状让我印象深刻，并且非常符合我喜爱的现代审美的品位。我很快开始着手制作麻叶图案的组子组件（见第19~31页），并由此制作出我的第一件装饰面板（见第136~138页），我非常喜欢它。

当我教授组子制作技术时，我希望学生们能够从一开始就取得成功，因此我总结了一些技巧，使制作过程不再神秘。这也是我要在本书中与你分享的。我会向你介绍如何制作所需的特殊的切削引导夹具，如何制作框架，以及制作10种填充图案的详细操作。接下来，我会介绍我基于这10种图案设计出的10款组子装饰面板，以及制作框架所需要的信息。我同样会讲解如何制作面板所需的装饰框架，如何为其上漆，如何为组子背面选择面料以及如何将组子装饰面板与家具融合在一起。我还会介绍其他一些东西，请允

▲我的第一件组子组件用在了这个桌面茶柜的门面板的设计中。

▲ 这个传统麻叶图案是一种经典设计。它本身就非常有吸引力，融入精致的面板设计中更显雅致。

许我暂作保留，为你的阅读留下一份惊喜。

为了制作组子，你需要用到一些工具（见第2~5页），但比木工工具更重要的，是耐心和注意力。组子技术的挑战并没有那么大。框架部件可以使用台锯搭配指接榫夹具快速完成。组成填充图案的木条也不难制作。一组斜面引导夹具能确保在木条末端斜切出正确的角度。但这不代表制作组子时可以不假思索，任意为之。实际上，你必须持续地保持专注，因为越是简单的事情越容易让你大意。组子的挑战不是来自技巧或技术，而是必须精准无误。任何走神儿都会导致你的操作与精确无缘。

当然，就技术而言，你可以做一些事情来提高操作精度，但如果你缺乏耐心，不能专注于操作，再好的技术也无法体现出来。只要用心，制作组子与制作家具并没有什么区别。

怎样做才算有耐心呢？我认为，耐心意味着让你正在制作的作品决定操作的节奏。工房的所有工作都有着节奏感和韵律。为了在操作时保持耐心，你必须预先思考每一个单独的任务并将其提炼出来。你需要发现每个任务的组成要素，这样你才能知道在哪里可以加快速度，在哪里必须放慢速度。耐心意味着始终保持正确的速度来完成作品。

专注同样很重要，这不仅是对于手头的工作，对于其他事情也一样。此外，你还要保持清晰的头脑。如果你心里总是想着一些轶事趣闻的话，你的思维和后续的动作都会变得混乱。当你在为构成麻叶图案的填充木条切削斜面时，除了你的手和它如何握住凿子、如何推动凿子穿过手指下方的狭窄区域以及凿子切削木料时发出的声音是否正常、木料有没有产生阻力等事情，你不应该考虑任何其他事情。这样的专注程度才能让你注意到操作过程中最细微的卡顿以及影响作品精度的细小波动。

还有一样东西，它比耐心和专注更加重要，即不要害怕失败。如果你的第一个麻叶制作得不完美，不要担心，再做一个就好。还不行的话就再做一个。一直做下去，你的技术水平会不断提升。你也会变得更加耐心，更为专注。很快你就能制作出美丽的组子组件，并且享受制作的每一分钟。不要纸上谈兵，把它带进工房，然后开始制作吧。

我与组子细工的缘分

▲ 我设计的组子经常会在传统图案的基础上做一些符合现代审美的修改。

我不是日本学者，也不会假装自己是。我并不知晓关于组子细工的详细历史，而且我对它的历史也不感兴趣。因此，我要与你分享的不是组子细工的历史，而是我把组子带进我的作品中的故事。

组子细工在日本的使用历史将近1 400年。大多数时候，组子都是出现在贵族家庭的家具上。到了19世纪下半叶，它开始出现在普通人的家中。我对组子的关注始于大馆俊夫（Toshio Odate）。他出生于1930年，二战后作为学徒学习传统推拉门的制作。1958年，他得到一笔资助来到了美国，给美国人带来了日本的传统木工技艺。他的《日本木工工具》（*Japanese Woodworking Tools*）一书很不错。我在他的书《障子的制作》（*Making Shoji*）中第一次接触到组子，即门扇中的装饰性框架。制作框架使用的图案也叫作组子。尽管俊夫解释了如何制作麻叶图案的组子，但这本书其实是讲障子制作的。

2016年，得益于两位美国家具制作大师的示范，我开始学习制作组子。两位大师在《精细木工》杂志发表了不少关于组子制作的文章。首先是约翰·里德·福克斯（John Reed Fox）的惊人作品出现在第226期的封底。这是一件餐具柜，其推拉门上装饰了漂亮的组子组件。在这期杂志的内页中，福克斯通过一篇短文介绍了他制作麻叶图案组子组件的过程。他所使用的技术与俊夫在《障子的制作》中所使用的一样，要求所有部件不能锯切到底。这里的诀窍是，木条保留的厚度与刨削掉的厚度尺寸一样。这绝非易事。

我在《精细木工》杂志工作时的同事迈克·佩科维奇（Mike Pekovich）看了福克斯的文章后，自己试着制作了一些组子，并在《精细木工》第259期撰写了一篇制作麻叶图案组子组件的文章。他使用的技术与我现在所用的技术（见第19~31页）相同。迈克在他的一些家具中使用组子进行装饰，效果很不错。在一次午餐时间与迈克的讨论促使我第一次在制作盒子时使用组子。

随着我对组子的兴趣与日俱增，我开始尝试麻叶之外的图案。因此，我阅读了德斯·金（Dez King）关于组子的系列图书《障子及组子设计》（*Shoji and Kumiko Design*）。这个系列有4本书，包含大量构成正方形和六边形框架的奇妙图案，以及制作木条所需的所有关键角度。他既展示了俊夫使用的麻叶图案组子组件制作技术，也展示了我在本书中使用的技术。事实上，尽管我们所用的夹具有所不同，但他制作组子组件的方法与我使用的方法非常相似。

然而，我成为组子制作者的最重要的因素是我愿意进行尝试，并在找不到任何参考时尽我所能地开动脑筋去解决它。希望我分享的这些知识能缩短你的学习时间，但你仍然需要自己动手，在实践中学习。我会继续记录我制作组子的过程，你也可以记录属于你自己的笔记。

▶ 与在传统日本家居中一样，组子的图案和设计在现代家居中依然很和谐。

目 录

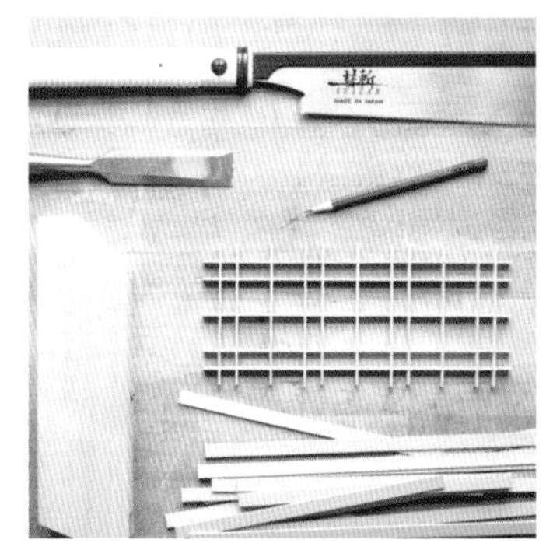

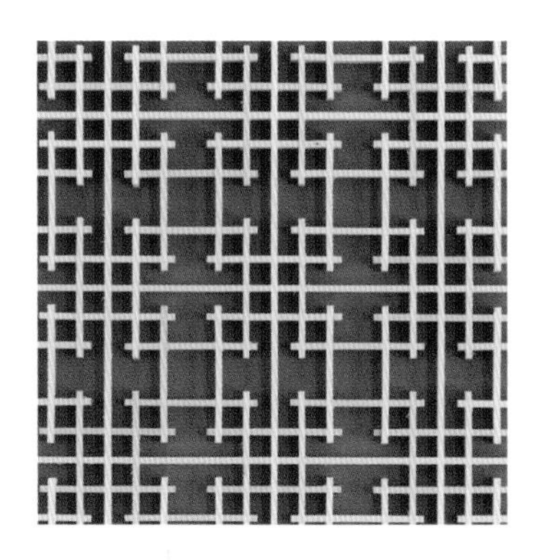

第 1 章

准备工作

你可能希望直接开始组子的制作，我想大多木匠也是如此。幸运的是，刚开始时需要准备的工具并不多。你同样需要制作一些夹具。我强烈建议你在开始前把所有这些都准备好，以免有趣的制作过程被打断，不得不去制作指接榫夹具或者研磨凿子。可以用准备工作锻炼制作组子所需要的耐心。高质量的夹具和准备好的工具对于制作成功的作品是至关重要的。

工具套装

理论上，你只需要准备一把手锯来锯切框架所需的槽口，以及一把凿子来切削木条部件末端所需的斜面；更现实的做法是，你需要准备一台平刨、一台压刨和一台带锯来制作组子木条，以及至少一把导突锯和一把凿子进行后续加工。我个人则认为，台锯很重要，因为它可以快速准确地制作出框架部件。这些电动机器在现代工房里很常见，无须赘述。我要介绍的是一些我在制作组子时一定会用到的特别的手工工具。

凿子

凿子

应该选择一把宽凿。我偏爱使用1 in（25.4 mm）宽的凿子，而且我很喜欢李·尼尔森工具维护（Lie-Nielsen Toolworks）品牌的斜边凿。如果没有1 in（25.4 mm）宽的凿子，也可以用¾ in（19.1 mm）或1½ in（38.1 mm）宽的凿子代替。为什么宽度这么重要呢？因为在为木条切削斜面时，凿子越宽，下压在引导面上的凿子就越平稳，斜切的角度就会越准确，切出的木条组装越紧密。此外，将凿子背面平贴在引导面上，切削木条的最后一刀不会刮伤引导面。当然，为了实现这些目标，凿子的背面必须非常平整，并且凿子的刃口必须非常锋利。锋利的工具是所有木工操作的基石。

导突锯

除非需要大批量地制作组子或者制作非常大的面板，最简单的方法就是用手锯（特别是日式导突锯）将木条锯切到大致长度。日式锯是在拉动时完成切割的，因此在制作小部件时更容易控制。而且日式锯锯片非常薄，因此相比西式的夹背锯可以更快、更容易地完成锯切。当然，选择正确的导突锯很重要。一般来说，最好选择锯齿很多的导突锯，这样切出的表面会很光滑。锯齿较少的导突锯切出的表面较为粗糙，这些粗糙的表面会影响后续的加工精度，导致最终的部件长度比需要的短。我用的是彗斩（Suizan）牌的8 in（203.2 mm）“超精细切割”（Ultra Fine Cut）系列的导突锯。该系列的导突锯锯切得快速、顺畅，并且不费劲儿。你可以在网店上找到它。当然，任何每英寸长度的锯齿数（teeth per inch，tpi）在30左右的导突锯都可以正常使用。

导突锯

研磨工具

每个人都会说锋利的工具是必不可少的。我也一样，特别是在制作组子的时候。有时候，你需要从斜面上切削掉厚度不足一根头发直径的木屑。钝化的凿子是做不到这一点的。研磨是另外的主题，我就不在这里详细介绍了。我要说的是，可以准备一些陶瓷水石，参照研磨指南自己练习。反复练习，直到掌握研磨技术。有一件事要记住：如果在切削斜面时凿子的刃口没有产生毛刺，你的研磨就是不到位的。

研磨工具

夹具

很多填充图案都是用末端带有斜面的小木条拼接制作的。我相信，加工木条斜面最好的方法就是用凿子切削，至少对一个为小面板制作组子的人来说是这样。为了确保凿子在切削时处于正确的角度，我会使用自制的、带有参考面的夹具引导凿子的切削。将部件固定在凹槽里，保持凿子的背面平贴参考面。凹槽中配有限位块，这样你就可以精确设置尺寸，制作大量相同的部件。你可以自制夹具（见第10~14页），也可以购买成品。

钩木

在制作组子时，需要将许多小木条切割到指定长度，在这个过程中，必须保持木条稳定。虽然可以为此购买一些专用的精细工具，但并非必要。基于我的实践和教学经验，制作一次性使用的钩木足够了，而钩木最终会被锯成两段而报废。钩木结构非常简单，用一块较厚的硬木沿其一侧边缘切割出一个半边槽即可。甚至不需要为钩木安装防滑木条，将其夹在木工桌台面的限位块之间即可。我自制的钩木最多可以同时固定12根木条，这样制作部件的速度就会大大加快。

夹具

胶水

制作组子不需要很多胶水，通常只有框架外侧的接合处会用到一些。黄色的PVA胶就可以。挤一点胶水置于废木料或者蜡纸上，然后选一根短木条并将其一端切削出斜面，使其看起来像一把凿子。用木条的斜面蘸取胶水，涂抹在组子木条的槽口中。

胶水

胶合板砂磨块

在完成一个组子组件的制作后，我会将展示面朝下放在一个平整的台面上，并下压所有填充木条。然后我会翻转组件，打磨组件的正面。这样组件的框架部分和所有的填充木条都会处于同一平面上，避免了不平整的表面可能产生的阴影。组子是通过一系列相交的干净线条形成最终的图案效果的，而阴影会破坏这种视觉效果。因此，打磨是很重要的一步，也是最后的处理步骤。我的砂磨块是用胶合板做基板，然后在两个大面分别粘贴半张220目和320目的砂纸制成的。如果面板足够小，也可以将一张砂纸平铺在平整的台面上，在其上移动面板进行打磨。

组子专用台锯滑板

这基本上是我在制作组子时用到的最重要的工具了，因为它能确保我制作的框架是方正的，同时确保框架内部尺寸相同的正方形的实际大小也是相同的。在制作填充木条时，分批制作显然比单个制作要简单得多。如果组子内部的正方形尺寸相同，分批制作无疑更为高效。滑板和固定在其靠山上的指接榫夹具的优点在于，它能够改变组件框架内部正方形的大小，并保证相同尺寸的正方形最终的实际大小也是相同的。组子专用的台锯滑板本质上与其他横切滑板一样，只是它永久性安装了一个指接榫夹具（见第6~7页）。

胶合板砂磨块

夹具简化组子的制作

数十甚至数百根木条只有制作精确才可能拼接出美丽的组子图案。这听起来可能令人生畏，尤其是对初学者来说。我相信，我制作组子木条的方法使木条的精确切割更加易于操作，即使是初学者也能快速掌握。我会首先用台锯、横切滑板和一系列的指接榫夹具制作框架部件，以确保框架部件中的插口尺寸一致。一致的插口尺寸可以在拼接图案时降低填充木条的拼接难度。位置类似的木条往往具有完全相同的尺寸，因此我使用带有整体限位块的夹具为填充木条的末端切割必要的角度。这不仅可以加快组子组件的制作过程，还可以保证制作出彼此能够完美贴合的木条，最终得到既美观又牢固的组子组件。

制作专用滑板

你可能会图省事，把平时用于横切的滑板用来制作组子。不要这样，你需要制作一个组子专用的滑板。将木条放在较小的一侧（以锯缝为基准）比较容易操作。最重要的是，专用滑板可以让你将指接榫夹具永久固定在靠山上。你可以在任何想要制作组子的时候使用专用滑板，并且可以复制与上次完全相同的特定的组子设计。

1. 从一个插口开始制作指接榫夹具。将一块约¼ in（6.4 mm）厚、2 in（50.8 mm）宽、18 in（457.2 mm）长的硬木木条抵靠横切滑板的靠山放置。切割插口所用的锯片应与切割组子框架部件插口时所用的锯片相同。标准的组合锯片完全可以，我用的就是这种锯片。

2. 将锯片保持在低位。夹具销的长度应该比用滑板和夹具切出的框架部件插口的尺寸小一些。这样在使用时，销钉就不会将框架部件保持在滑板表面的上方。我的框架部件都是⅜ in（9.5 mm）高，所以我为夹具销切割的插口都是3/16 in（4.8 mm）深。

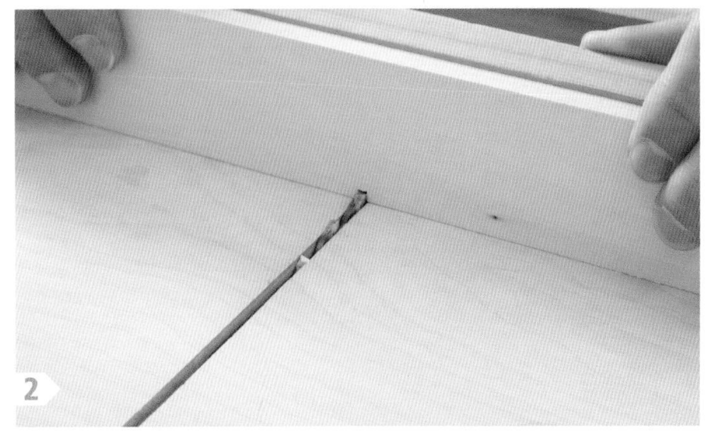

3

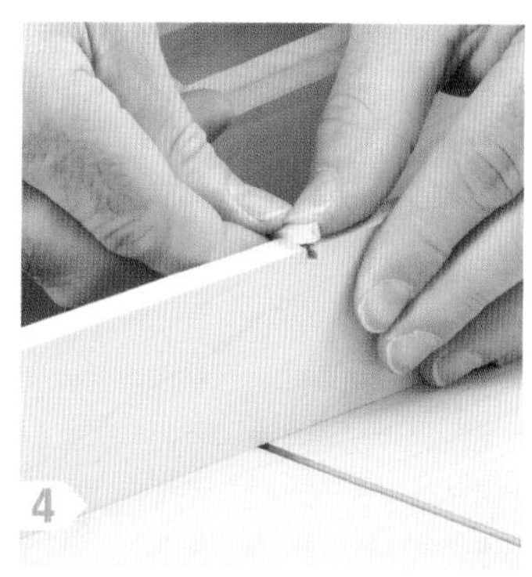
4

5

3. 将插口的底部整平。由于组合锯片具有交替顶斜面锯齿，会导致插口的底部成三角形，所以需要用凿子将这个三角形区域切掉，使插口底部变得平整，为夹具销创造更好的胶合表面。

4. 把夹具销粘在插口中。黄色的PVA胶是不错的选择。夹具销的末端应悬空在夹具靠山的背面，且其侧面相对于靠山的底部边缘伸出一点。待胶水凝固后，再修剪夹具销，使其与靠山的背面和底部边缘齐平。

5. 用螺丝将夹具固定在滑板的靠山上。这是很重要的一步，因为夹具销和锯缝之间的距离会影响用滑板制作的每一个框架部件。我将夹具销钉设置在了距离锯缝½ in（12.7 mm）的位置，对应环绕在组子框架周围的边框的宽度。我发现，这个距离超过½ in（12.7 mm）会使面板变得过大，因为框架中的其他距离都是我在这里设定的距离的整数倍。最后，用螺丝将夹具固定在滑板上。

如何设定不同的间距

我制作的组子中包含不同大小的正方形，这使我能够以不同的尺寸制作相同的图案，并将多种图案整合到一个组件中。是什么让我可以在同一框架的不同大小的正方形中来回切换呢？是指接榫夹具！我制作了可以用螺丝固定在滑板上的辅助夹具，并使夹具销距离锯片更远。我会在此向你介绍它们的制作过程，并展示使用它们制作麻叶图案的步骤。

6.在夹具靠山上切割插口。将指接榫夹具抵靠滑板的前“靠山”并推过锯片。即使前靠山没有与锯片垂直也没有问题。这是因为夹具销只是略突出于辅助夹具的靠山，所以即使它角度略有偏差，也不会影响框架部件的插口。

7.用指接榫夹具的插口套在夹具销上。与固定在滑板上的夹具不同，辅助靠山的第一个插口中并没有插入夹具销。这是一系列均匀间隔的插口中的第一个。

8.切出一系列插口。在夹具靠山上切出第二个插口后，将第二个插口套在夹具销上切割第三个插口。根据需要重复这个步骤。这里我切了5个插口，这样的话我就可以制作框架中的正方形。这些正方形的边长是用螺丝固定在滑板靠山上的指接榫夹具间距设定值的4倍。

6

7

8

9.胶合固定木销。相信我，木销很容易被胶合到错误的插口中。当木销位于锯片的左边时，应将其插入第一个插口中。这个插口是锯切结束时距离锯缝最远的。

10+11.将木销的底面和背面修整平齐。我用一把凿子完成此步操作。重要的是，木销不会将夹具抬离滑板的表面或者使夹具远离滑板的靠山。任何一个问题都会导致插口的间距不准确、插口不够方正、插口过浅，或者三者兼有。

用夹具来确保斜面角度准确

很多组成图案的小木条的两端具有双斜面，这样它们就能贴合转角或者为其他木条创造出新的转角。斜面的角度必须精确，否则木条不能很好地贴合在一起，会导致图案内部出现间隙，或者组子散架。我用凿子切削斜面，并用引导夹具保持正确的切削角度。

12. 在木块上切割两个凹槽。使用开槽锯片锯切凹槽效果最好，这样可以一次性得到完全宽度和深度的凹槽，切出的凹槽底部会很光滑，且凹槽与木块的端面垂直。木块本身的尺寸不重要，我使用的木块厚1⅞ in（47.6 mm），宽2⅜ in（60.3 mm），长9 in（228.6 mm）。

13. 标出引导面的角度。使用组合角尺标出45° 斜面。这条线仅供参考，但是你确实需要这样一条准确且容易查看的线（使用削尖的铅笔画线）。

14. 用带锯粗切木块。这次切割不需要保持精确的45° 。注意在画线的外侧留一些余量。不过即使切入了画线的内侧也无须担心，因为清理引导面时会处理所有凹凸不平的问题。

12

13

14

引导夹具

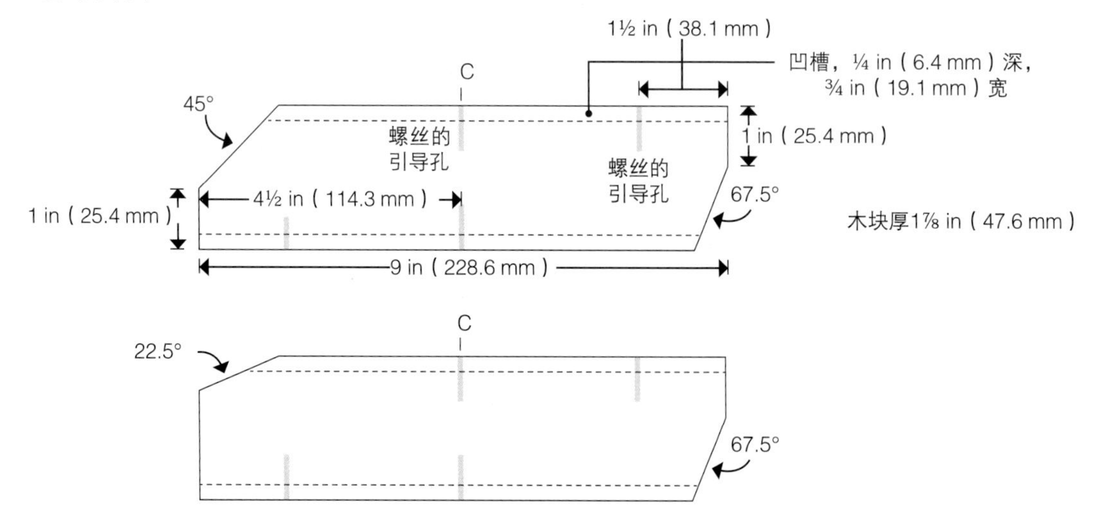

一支大量角器使角度测量变得容易

在正方形框架中最常用到的角度是45°、22.5°以及67.5°。通常需要两个67.5°的引导面，所以我制作了两个夹具，一个具有45°和67.5°的引导面，另一个具有22.5°和67.5°的引导面。准确的角度至关重要，而标记角度线最好的方法是使用斜角规。小型半圆量角器上的角度线靠得很近，因此很难准确画线。可以使用较大的全圆量角器，其刻度线距离较远，引导画线更准确。这种全圆量角器通常在艺术用品商店有售。

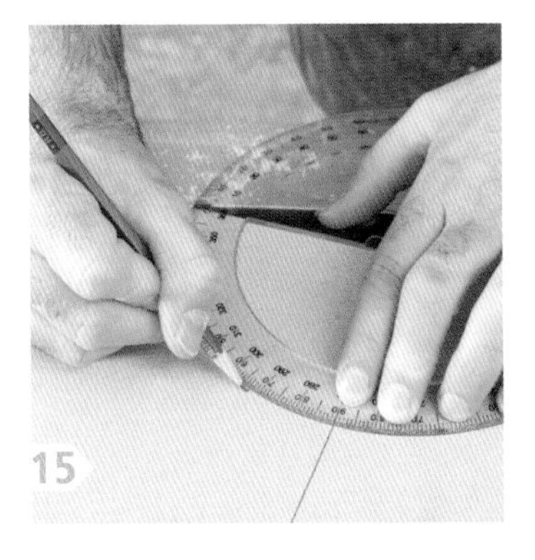
15

16

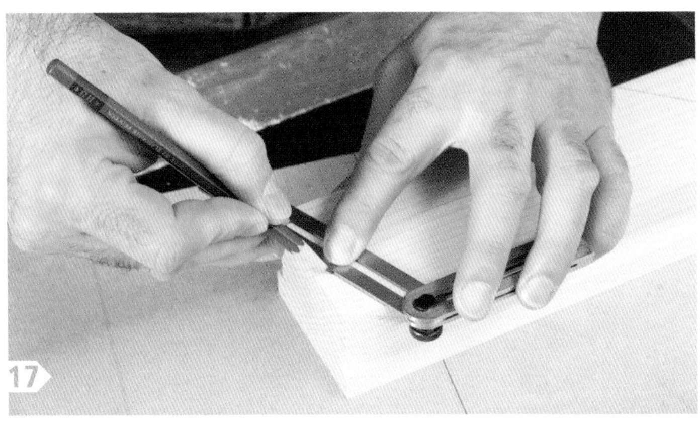
17

18

15. 取一块中密度纤维板标记角度。画出一条与边缘垂直的线，然后将量角器放在中密度纤维板上，使其中心线分别与垂线和中密度纤维板的边缘对齐。使用一根削尖的铅笔分别在67.5°和22.5°的角度处画小点。

16. 将斜角规设置为所需的角度。将斜角规的靠山抵靠在中密度纤维板的边缘，移动刀片，使刀片边缘与铅笔标记对齐，然后锁定刀片。

17. 把角度转移到夹具木块上。再次强调，这条线只用于参考，但如果这条画线干净整齐，足够清晰，后续的制作过程会简单很多。因此，要用削尖的铅笔画线。

18. 用带锯锯掉多余的木料。就像锯切45°引导面时那样，在画线的废木料侧切割。允许切面有点粗糙，因为之后会用短刨将整个引导面处理平滑。

将引导面处理平滑

这里使用的技术可能令人却步，但请坚持下去。如果可以把刨刀研磨得足够锋利，并能在保持引导面垂直关系和角度不被破坏的情况下将其处理平滑，你的木工技艺将会得到质的提升。接下来，我会向你展示具体的操作步骤。

19. 短刨是好用的工具。 刨削斜面会遇到端面纹理。短刨刃口斜面朝上的低角度刨刀能轻松地切断端面纹理，刨削出光滑的引导面。这个引导面进而能帮助你制作出外观干净整齐并能完美拼接在一起的组子木条。当然，前提是刨刀要研磨得足够锋利。花点时间学习研磨技术吧，毕竟这是一项重要的木工技能。

20. 检查直角关系。 在刨削过程中，注意停下来检查引导面与木块的侧面是否仍然垂直。如果这种垂直关系出现偏差，那么在组子木条中切出的斜面的角度会偏离预期，并且整个木条的宽度会变得不均匀。

21. 保持正确的角度。 引导面的角度也很重要，因此在处理斜面的过程中同样需要进行检查。可以检查整个表面的宽度并加以确认。实际上，只有从斜面的顶部边缘向下到达中央区域的这一半是很重要的，因为这是凿子唯一可以贴靠的位置，也是它需要停留的位置。

添加限位块

如果夹具的制作在这里结束，那么你接下来需要将数十根甚至数百根填充木条逐个与斜面贴合，并逐一进行微调，直到它们末端的斜面角度合适。为夹具木块添加一个限位块就不需要这么麻烦了。将一根木条处理到所需的长度，作为限位块固定到位，就可以快速处理所有的木条，并保证它们拥有完全一样的长度。

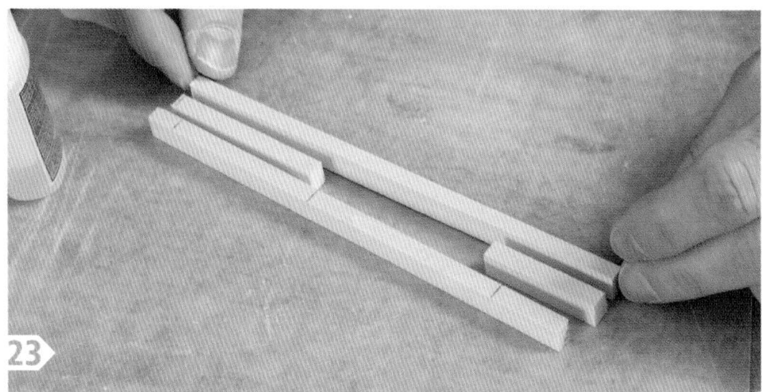

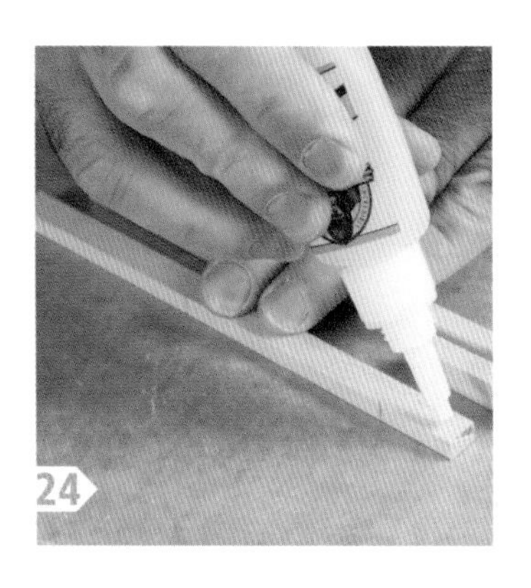

22. **钻取两个引导孔。**第一个孔位于夹具木块长度的中点，第二个孔在距离引导面的对侧端1½ in（38.1 mm）处。夹具木块的两个凹槽中都要钻孔。

23. **制作限位块。**准备两根宽度相同的木条作为侧边条，准备两根短木条作为中间木条。我尝试过多种制作限位块的方法，如果你需要制作的夹具很少，这里介绍的就是最好的方法。这种方法可以确保凹槽位于限位块的中央，而且省去了使用电木铣铣削凹槽的麻烦。

24. **用氰基丙烯酸酯（Cyanoacrylate）胶加快制作过程。**这些木条太小，以至于很难用木工夹夹紧并保持其正确对齐。可以使用快干型浓缩氰基丙烯酸酯胶（有的只需10秒即可凝固），而且不需要加速剂（它们会使胶层变脆）。

25. **将一块中间木条粘在一根侧边条上。**中间木条相比侧边条的一端略有伸出。在限位块组装完成之后，再将端面裁切方正。这样能确保侧边条和中间木条的两端完全齐平。这个步骤的胶合过程很单调无味。

26. 添加第二根中间木条。再次说明，中间木条的末端与侧边条的末端并未对齐。用手施加足够的压力以形成紧致的胶线，完成木条的胶合。

27. 在中间木条的侧面涂抹胶水。注意不要将胶水涂在中间木条的末端，以防止挤压出来的胶水进入凹槽，或粘在凹槽侧壁上。

28. 粘上另一根侧边条。将整个组件捏在一起，并保持约30秒。将限位块静置10~15分钟后，将组件末端裁切方正，并清理挤出的胶水。

29. 用螺丝将限位块固定到位。无须安装螺纹插件和翼形螺丝。因为在使用时夹具会被木工夹固定，很难或不可能将手放在翼形螺丝上进行调整。用螺丝刀的话就永远不会遇到这个问题。

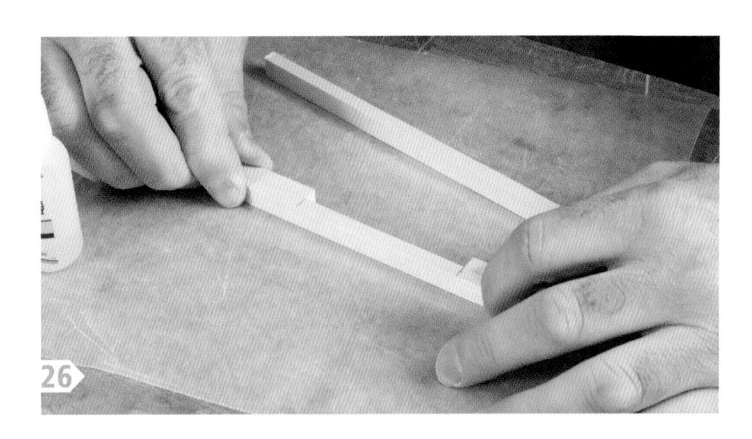

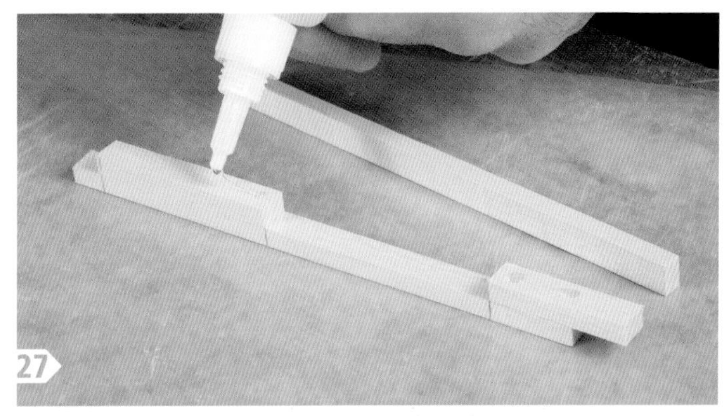

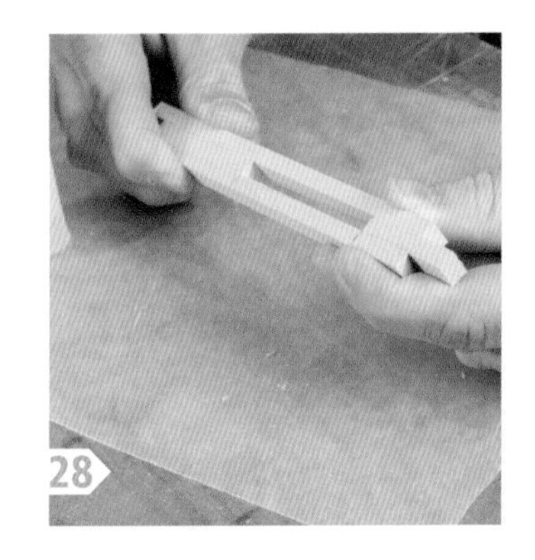

夹具的限位块

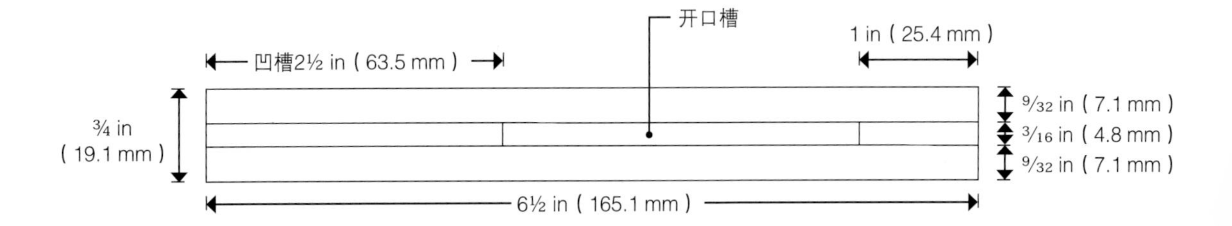

你需要的只是一个简单的钩木

除非需要制作很大的面板，或者批量生产完全相同的小面板，将填充木条粗切到大致长度最简单的方法就是使用导突锯搭配钩木锯切。我使用的钩木结构并不复杂。之前我说过，最后钩木会被切成两半。因此，我的钩木属于一次性消耗品。找到一根很长的硬木木条，沿其一侧边缘切割半边槽，再将木条切短，把其中一根钩木固定在木工桌台面的限位块之间即可使用。当这根钩木被切成两半之后，用另一根即可。

30. **在钩木的靠山上画垂直线，用于制作切口。**不需要切口完美垂直于靠山，因为之后会用凿子对木条的末端进行角度切割。当然，画线最好还是垂直于靠山。然后，将画线延伸到靠山的顶部和背部。

31. **沿画线锯切。**使用与将木条粗切到大致长度时相同的锯片。沿画线锯切，先从棱角处起始锯切靠山的前侧，并逐渐锯切到靠山的背面。最后，保持锯齿水平，沿锯痕向下锯切。

组子用木材

组子的美在于木条所形成的几何图案，因此制作木条的木材至关重要。如果木材上有任何东西干扰了线条的连贯性或图案，这种木材就不是合适的木材。木材还需要符合审美，并具有良好的加工性能，因为需要对其进行切削。我最喜欢的组子木材是椴木，因为它在审美和加工性能方面都堪称完美。但这不是唯一可用的木材。如果你想尝试其他木材的话，请尽量按照上述要求寻找木材。

小的管孔

组子木条应该具有光滑、不间断的表面。这样形成的图案才能显得和谐。白蜡木和白橡木的大管孔会在整个面板表面形成阴影区（比如黑色的小圆点），并且破坏图案的整体性。应该使用没有明显气孔的木材，才能获得明亮整齐的图案视觉效果。

不明显的纹理

有些木材，特别是软木，年轮的颜色存在显著差别。这些木材在被切成细条时表面还可能出现条纹。交替的颜色与图案的几何线条会彼此削弱，使作品的整体视觉效果不稳定，给人一种彼此纠缠而不是和谐统一的感觉。

均匀的颜色

樱桃木、胡桃木、白橡木以及很多其他木材的颜色富于变化，甚至同一块木板的颜色也存在明显差别。组子木条的颜色变化会在视觉上让人感觉不安，并使组子图案失去原本的张力。只有当所有木条的颜色均匀一致的时候，图案才能作为一个和谐整体脱颖而出。

注意易碎细节

这同样与管孔的大小有关。当大管孔在两个表面的转角处相遇时，棱角的整齐性就会被破坏。组子的视觉效果依赖于其线条的清晰度。没有它们，组子的美感就会大打折扣。因此，应该选择小管孔的木材，保证木条的边缘准确、清晰，以彰显几何图案应有的特质。

易于切削

在制作组子装饰的面板时，需要做很多切削工作。硬枫木等木材可以切削出美丽的花纹，而且得到的表面非常适合接合。但是硬枫木很硬，其加工难度比加工椴木高得多。尽管椴木也是硬木，但它足够软，可以用锋利的凿子轻松地切削。你只需要稍稍用力就能应付（这意味着你还可以省时），并且手指也不会很快变累。

端面不易压碎或撕裂

有一种微妙的平衡需要格外注意。软一点的木材容易切削，但其木纤维很难切干净。当凿子变钝时尤其会如此。因此，你需要木材具有一些韧性，以提供必要的阻力。胡桃木就是这样的木材，但是大多数情况

▲ **尽管从头制作组子工作量很大，但购买粗锯木板并自己将其铣削方正光滑无疑是最佳选择。这样不仅可以节省成本，提高木材使用效率，还可以磨炼木工技术。**

下，它对组子来说颜色太深了。那么，哪种木材切削起来容易，同时具备足够的硬度而不会被轻易压碎呢？答案是椴木。

可压缩性

木材越硬，部件的厚度（对框架而言）及长度（对图案而言）就越要求准确，因为你不能简单地将部件挤在一起，否则组子会变得单调丑陋。最好使用一种具备一点可压缩性的木材，这样的话填充木条就可以贴合得更紧密，框架的接合也会变得更紧，从而使框架变得更加牢固（关于接合部件贴合多紧合适，参阅第23页内容）。

打磨快速

在完成组子的组装后，我总是打磨展示面，以保证所有的木条处在同一个平面上。当没有阴影区域时，组子看起来会很好。但是，我不想花费半小时的时间进行打磨。在用220目和320目的砂纸快速打磨之后，椴木表面就会变得平整、光滑，并且看起来令人惊叹。

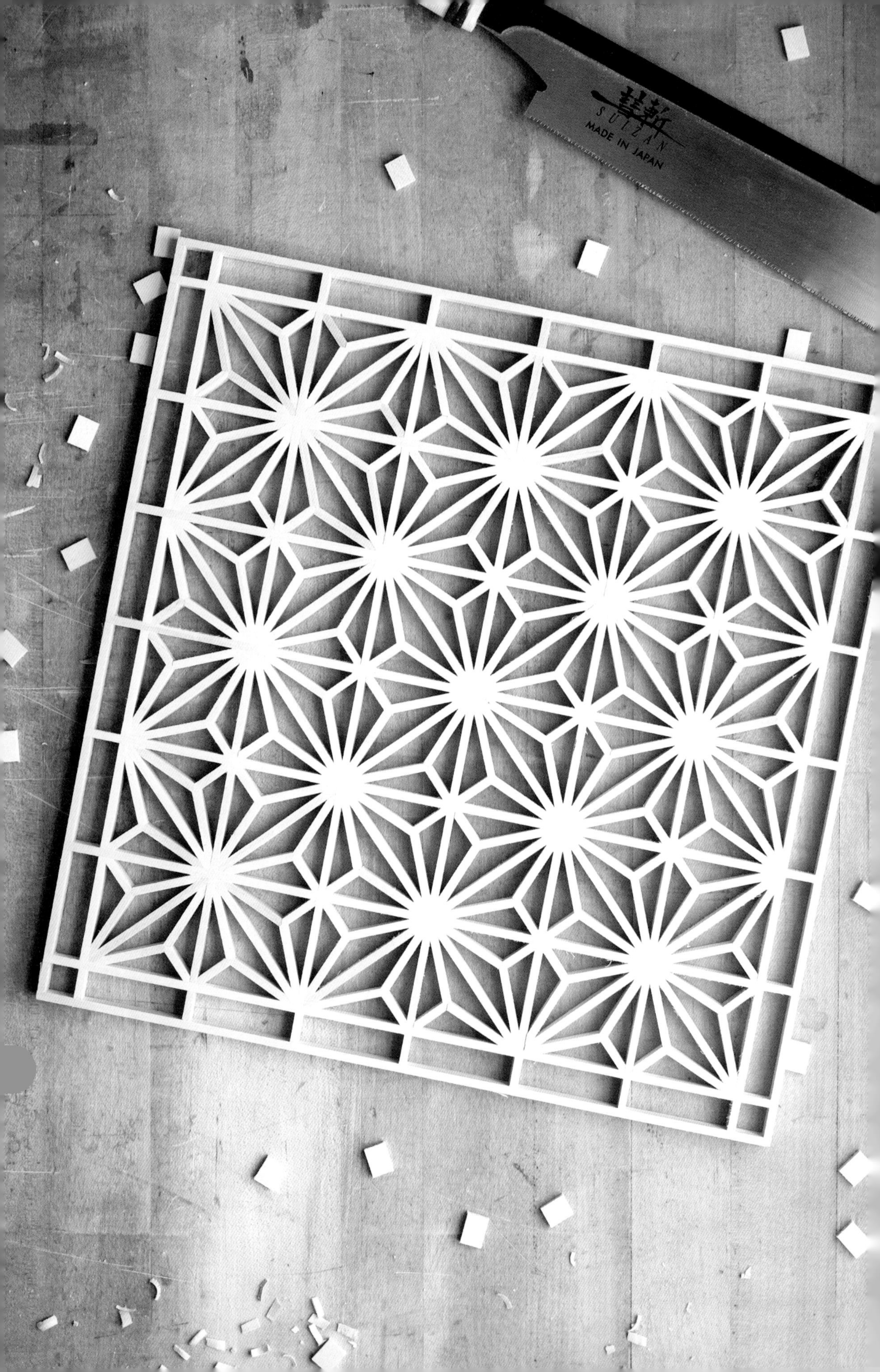
SUIZAN
MADE IN JAPAN

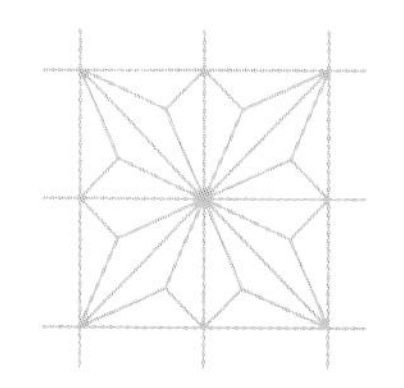

第 2 章

麻叶

我学习制作的第一个图案是麻叶图案。这是经典的组子图案，并且非常适合初学者学习，你可以从中学到组子细工的基本概念和操作技术，以及与其他图案搭配使用的高级技术。熟练掌握麻叶图案的制作技术，你就可以应对任何图案的制作。更重要的是，麻叶图案非常漂亮。没有什么比创造华丽的事物更能激发创作热情的了。一块铺满麻叶图案的面板肯定会激发你深入学习组子细工的热情。

框架图

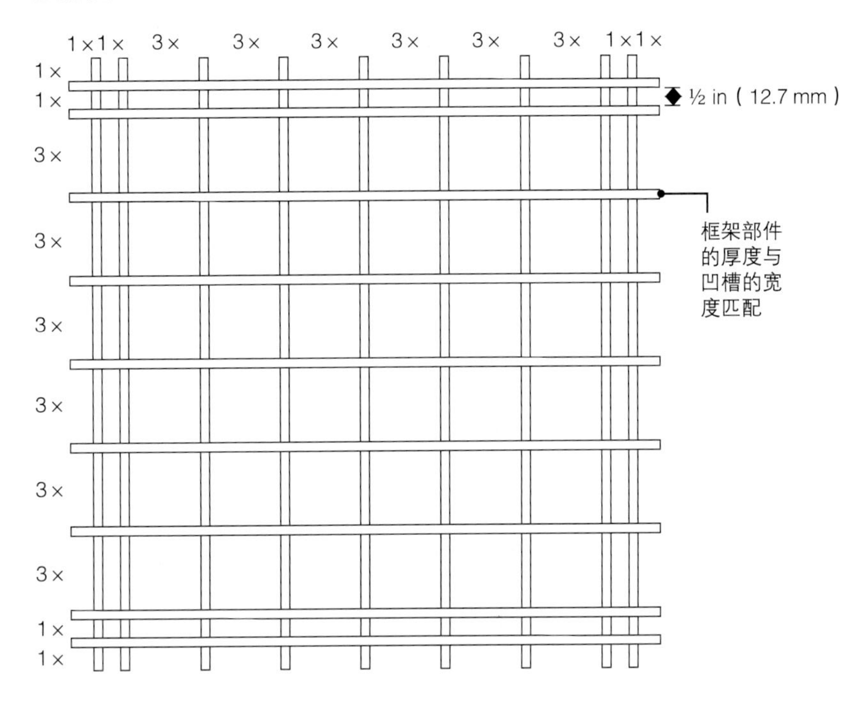

框架部件

框架木条（18）

图样

框架木条
对角线木条
铰链木条
锁定木条
对角线木条
（4）
铰链木条
（16）
锁定木条
（8）

图案部件

对角线木条（4）
铰链木条（16）
锁定木条（8）
注意：所有部件的厚度均与凹槽的宽度相同。

斜面引导夹具

45°
22.5°
67.5° （两个引导平面）

设置锯片高度

在组装框架时，保持相交部件彼此齐平至关重要。因此，插口深度应比框架木条的一半高度稍大。这点额外的深度可确保木条成功拼接在一起，并且省去了打磨框架以保证相交部件彼此齐平的麻烦。

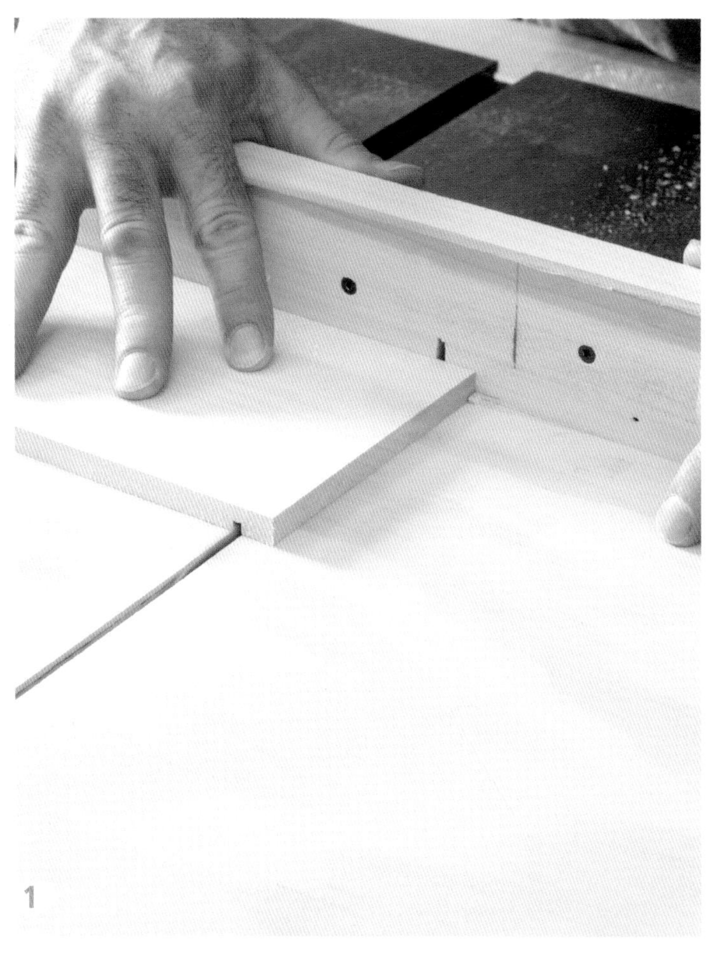

1

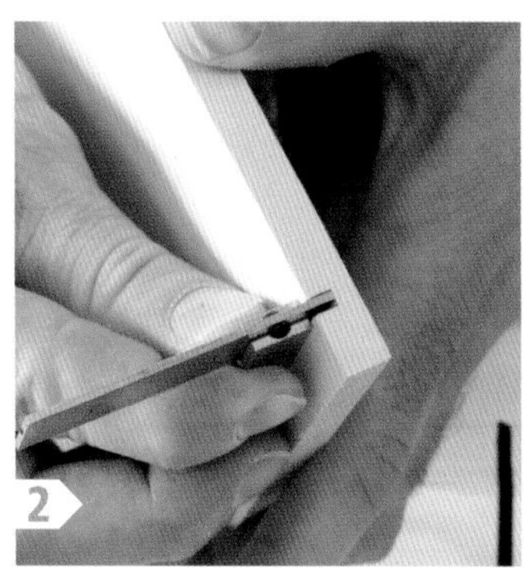

2

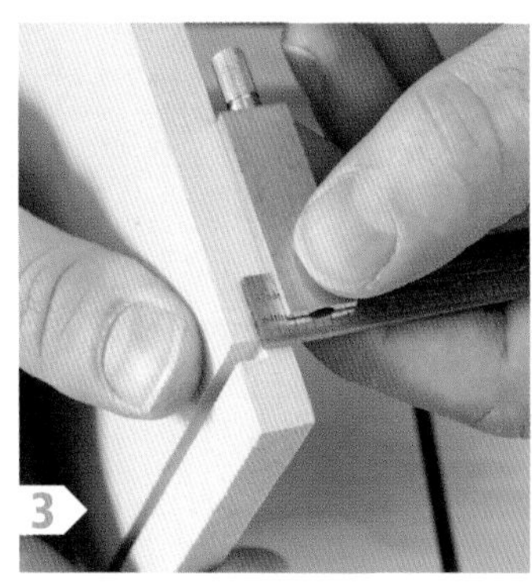

3

1.**锯切插口**。用木板端面抵靠夹具销，然后将滑板推过锯片。保持双手远离锯片，同时确保滑板垂直于锯片滑动。用双手保持木板平贴在滑板上。

2.**用直角尺设置插口深度**。将一把可调节的小型直角尺的头部放在木板的一侧大面上，然后将直角尺的刀片滑入插槽中，直至触底。把刀片锁定在这个位置。

3.**反向检查**。将直角尺的靠山抵靠在木板的另一侧大面上，此时刀片的前沿应稍稍越过插口的深度线。如果插口的深度线未与直角尺的刀片前沿相遇，则说明插口不够深，需要抬高锯片再次锯切。然后重新设置直角尺的刀片，并再次反向检查。

指接榫夹具控制间距

如果组成框架的正方形大小都相同，那么制作组子图案，特别是麻叶图案就会容易得多。制作大小相同的正方形，最好的办法就是搭配使用台锯和指接榫夹具。夹具上的夹具销会把每个插口定位在与锯片相同的距离处，这样组成正方形图案的每一个插口与其相邻插口的间距都是相同的。当框架组装完成后，所有的正方形大小都相同。

4.将第一个插口套在夹具销上。确保木板沿其长度方向紧贴滑板靠山，并平贴滑板的表面，以确保第二个插口垂直于木板的长度方向，且沿整个宽度方向深度一致。如果没有遵循上述要求，框架就不能组装方正，木条也无法保持齐平。

5.锯切第二个插口。右手用力下压，将木板推过锯片。锯切后关闭台锯，翻转木板，检查插口是否垂直于木板长度方向，且沿整个宽度方向的深度是否正确。

6.把夹具的间距调大。准备第二个夹具，确保其最末端的插口越过第一个夹具的夹具销。我用铅笔分别在滑板和夹具上画了一条线来帮助对齐，然后增大间距设置。

7.锯切出剩余插口。使用第二个指接榫夹具以较大间距锯切出6个插口，然后取下夹具，锯切出最后一个插口，形成围绕面板延伸的窄边框。

8.将木板横切到所需长度。升高锯片，利用被螺丝固定在滑板靠山上的第一个夹具的夹具销定位并锯切最后一个插口，最后横切木板，得到所需长度。这种方法可以保证框架木条两端的突出部分（截距角）长度相同，使随后的组装更容易，得到的成品更美观。

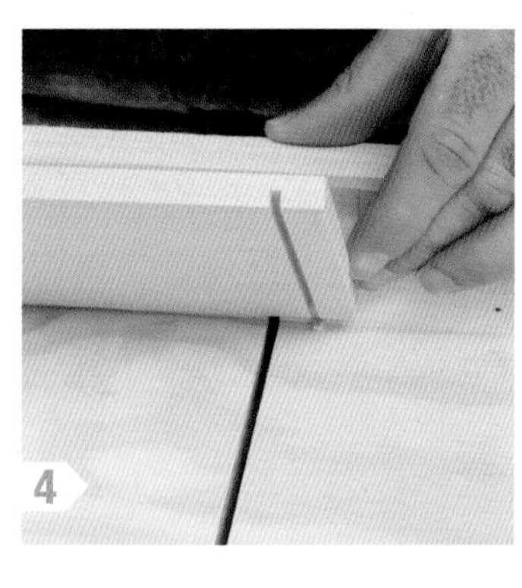
4

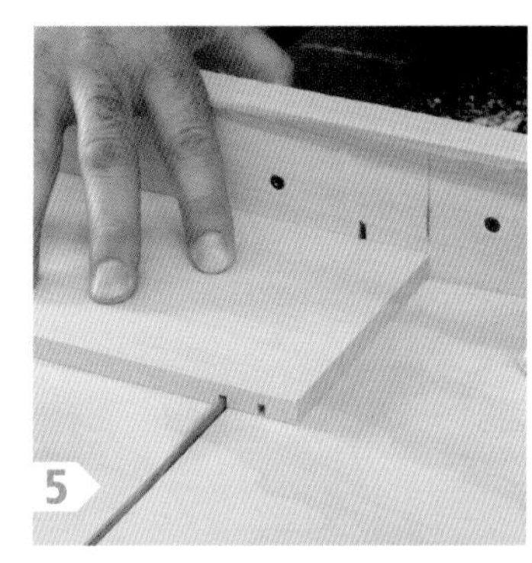
5

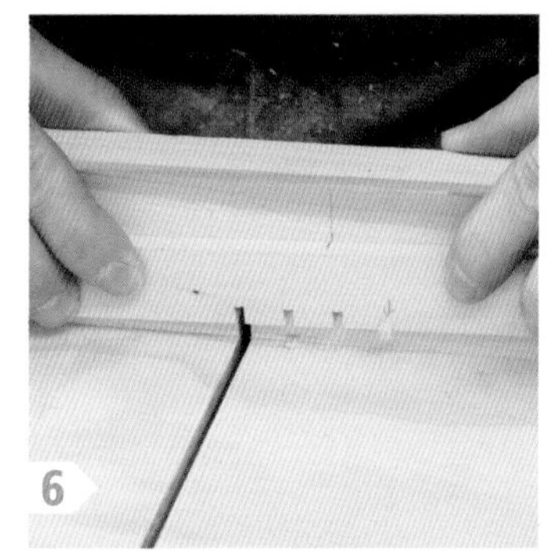
6

7

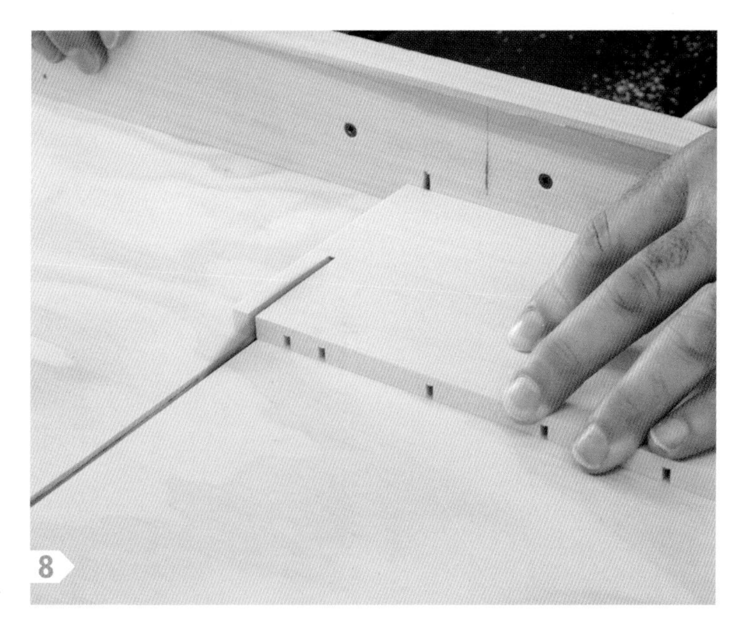
8

纵切出木条

现在所有的插口都锯切好了，该制作框架用的细木条了。利用锋利的台锯锯片可以锯切出具有光滑侧面的木条，这些木条不需要任何额外处理，可以直接组装框架。为了保护手指，设置锯片高度，使锯片稍稍高过木板厚度，并使用推料板或分料刀进料。

9

9.纵切两根测试木条调整设置。从锯片开始测量，使其距离锯片靠山⅛ in（3.2 mm）。使用推料板进料。

10.组装木条，检查匹配程度。最好同时测试两根木条，这有助于真正了解接头的松紧程度。使用木条中间的插口，因为靠近两端的插口更容易弯曲变形。用手指把两根木条按压在一起。重新分开木条，并查看木条表面的压缩痕迹。理想情况下，木条表面不会留下任何痕迹，接合后的区域也不会留有任何间隙。调节靠山，设置最佳的木条厚度。

11.纵切出框架木条。在两根测试木条组装无误之后，纵切出剩下的框架木条。考虑到组装框架时可能存在损毁，最好多切出5~6根木条备用。

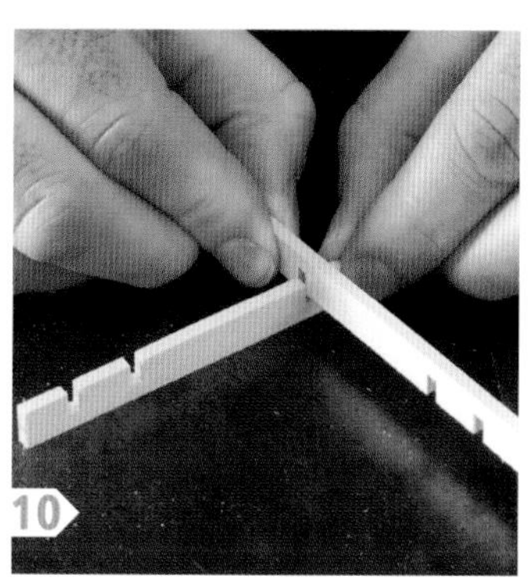

10

11

组装框架

组装框架时千万注意，不要弄坏木条！如果只在接合区域施加压力，一般不会损坏木条。通常用手指足以将木条拼接在一起。万一弄坏了一些木条也不用担心，可以使用备用木条。用胶水胶合每个接头没有问题，但我通常只在框架外围的接合处涂抹胶水，因为外围的突出部分（截距角）最终会切掉，所以如果外围没有粘牢的话，木条末端无法稳定保持在一起。

12. 粘接外围木条。在其中一个插口涂抹一点胶水（用一根前端斜切的木片涂抹胶水），然后把两根木条压在一起。检查两根木条是否彼此齐平。重复该步骤，完成框架外围的组装。

13. 从一侧起始添加中间木条。所有外围的接合点都应涂抹胶水。第一次制作框架时，逐个添加中间木条比较好。当你熟练之后，可以一次性固定4~5根木条。不要忘记检查完成组装的木条表面是否齐平。

14. 翻转框架，完成另一侧的组装。接下来的操作比较棘手，通常每次只能安装一根木条。仍然只在框架外围的接合处涂抹胶水。把木条放在框架上，使所有的插口正确配对。从框架的一端起始处理，直到另一端。将接头少量嵌入，再从头按压，逐渐加大嵌入深度。来回按压接头，直到木条完全嵌接到位，且接合处保持齐平。这种做法可以减少木条的损坏。如果一开始木条接头嵌入过深，那到了每根木条的末端，木条会非常容易折断。

15. 拉开木条时要非常小心。如果需要拉开木条局部调整，可以选择框架的一端，用大拇指按住下方的木条，用食指上推上方木条的接头处使之分离。

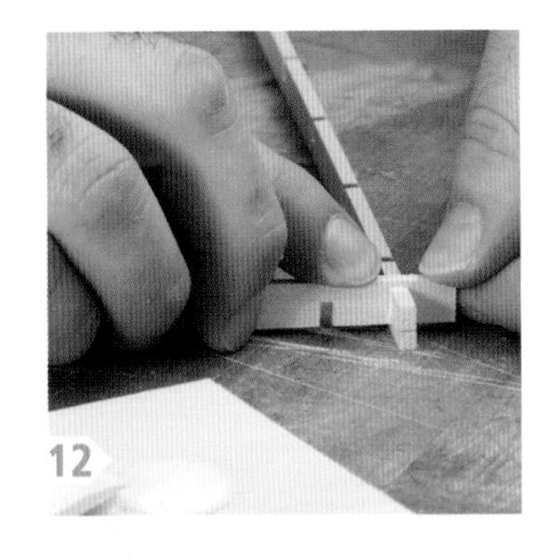
12

13

14

15

首先安装对角线木条

每个图案都有制作和组装的顺序。麻叶图案的拼接从将正方形一分为二的对角线开始。麻叶图案包含4条这样的对角线，在正方形框架中，它们形成了一个X。因为每根对角线木条锁定了两个90° 角，所以其两端都是由两个45° 斜面相交形成的。这些斜面是用凿子切削出来的，由夹具支撑凿子并将其保持在45° 。在对每个斜面进行最后一次切削时，要确保凿子背面平贴在引导面上。

16

17

16. 标记对角线木条的大致长度。放置木条，使其沿正方形的对角线延伸，其一端正好穿过正方形的一角。在木条刚好穿过正方形第二个角的位置用铅笔画一条线。木条的大致长度只须比最终长度稍长，如果过长的话，后续你将不得不投入更多时间修整木条。

17. 切取对角线木条。每个麻叶图案需要4根对角线木条，那么整个组件就需要36根。最好多做一些木条，以防某些对角线木条被修剪得太短而无法使用。

18.设置45° 引导面夹具的限位块。将对角线木条放入凹槽中，使其底部边缘与凹槽和45° 引导面的相交处对齐。滑动限位块抵住对角线木条的另一端，然后拧紧螺丝。注意：螺丝不能拧得过紧。如果限位块上留下了凹痕，由于垫圈会陷入其中，无法锁定需要的位置，所以后续会很难进行必要的微调。

19.修剪木条两端。在对角线木条的一侧切削出一个完整的斜面。这个切削步骤至少需要分3次完成。如果试图一次性完成，要么木条会被撕裂，要么木条会被牵引偏离限位块，切出错误角度的斜面。翻转木条，切割第二个斜面，形成一个尖端。将对角线木条端对端旋转，重复上述步骤。

20.测试对角线木条的匹配程度。把对角线木条按入正方形中，但不要过于用力。匹配合适意味着，不需要用力下压木条，木条就可以嵌入到位，当然，更不需要用锤子敲打。

18

19

20

21. 一次性削短木条长度。你很可能需要削短对角线木条。稍微松开螺丝，并用螺丝刀轻敲限位块的末端。重新拧紧螺丝，然后修剪对角线木条一端的两个斜面。

22. 重新测试匹配程度。如果匹配过紧，可以继续上移夹具的限位块，然后再次修剪对角线木条。如果木条过短（匹配很松，拿起框架时木条会掉下，或者边角存在缝隙），则这根对角线木条就不能用了，把限位块调回去，然后换新的对角线木条重试。

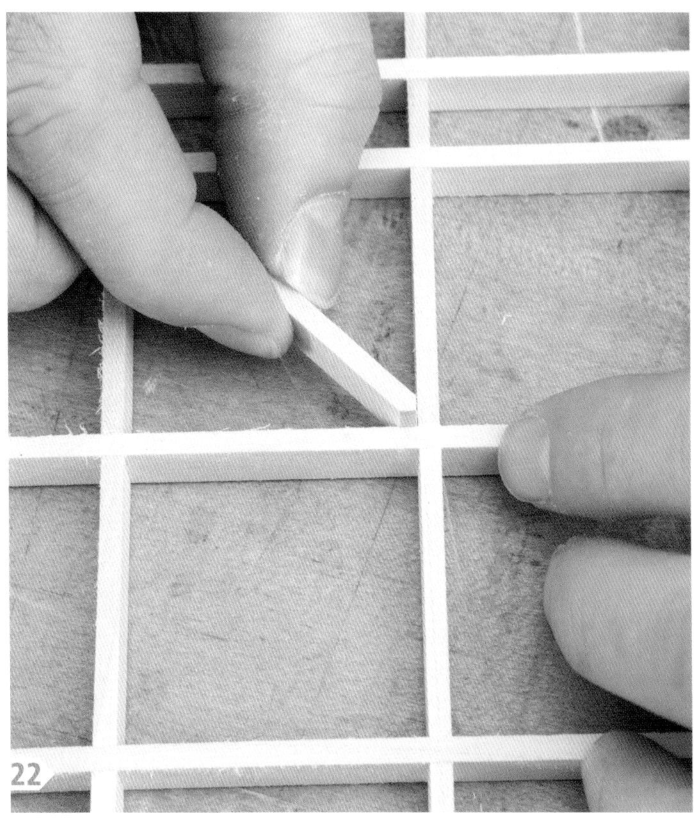

23. 查找框架中弯曲的地方。把对角线木条插入后，拿起框架并从上向下查看框架，看对角线木条是否会被推出来。如果是，说明对角线木条还是过长；如果没有问题，你就可以继续制作了。

24. 完成剩余对角线木条的制作，并把它们插入到位。现在，夹具的限位块已经处于正确的位置，依次处理其余的对角线木条即可。这个步骤很快就能完成。之后，把对角线木条插入框架中。注意，对于麻叶图案，对角线木条组成的是X图案而不是正方形图案。

切削67.5°斜面的末端

铰链木条是最难制作的，因为在木条的一端，两个斜面不是在木条的厚度中心相遇的，两个67.5° 的斜面会在铰链木条的一端分别占据厚度的1/3和2/3。制作这样的两个斜面，你需要使用两个夹具。如果先制作另一端（两个22.5° 的斜面在木条的厚度中心相遇），则需要调整两个夹具的限位块以切削木条的长度。而首先制作67.5° 端，则只须修剪另一端即可调整木条的长度。

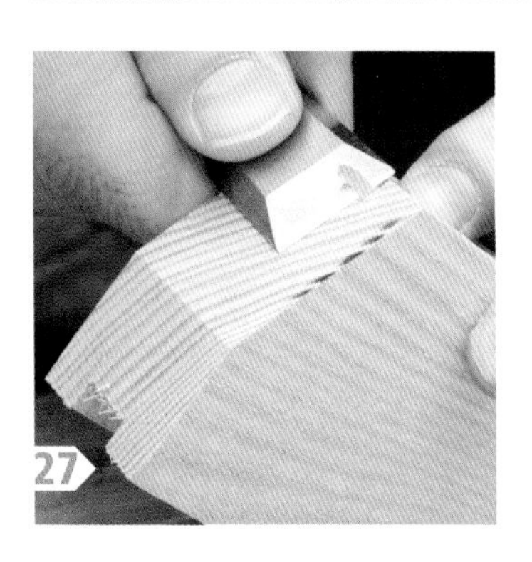

25.放置一根木条。插入对角线木条之后，这根木条会穿过空余的直角。保持木条的一侧与直角中心对齐，作为角平分线。该木条只是用作参考线，所以可以使用任何够长且平直的东西（例如，30 cm的直尺）代替。

26.标记出铰链木条的长度。在框架上放置第二根木条，该木条从对角线木条刚形成的45° 角出发，一直延伸并稍稍越过参考线。用铅笔在第二根木条上刚越过45° 角的位置画一条线。为每个麻叶图案制作16根铰链木条，记得多制作8根，这样在设置夹具限位块的时候有备用木条可用。

27+28.为两个67.5° 斜面的夹具设置限位块。先设置一个夹具，沿整根木条切削一个斜面。这根木条此时看起来就像一把凿子。现在将木条移至第二个夹具上，设置其限位块来切削1/3厚度对应的斜面。为什么要从1/3厚度对应的斜面开始呢？因为如果切削稍稍过量，并且两个斜面在厚度中心相交，你可以前移限位块，然后用第二个夹具引导切削2/3厚度对应的斜面。设置好两个限位块之后，加工出所有铰链木条的这两个斜面。

修整木条

设置好67.5° 的斜面后，将注意力转移到木条的另一端。它的两个斜面会平分45° 角，所以两个斜面都是22.5° 。设置限位块时要小心一点，由于角度太小，因此在制作斜面时很容易过切，并导致木条长度过短。我会从较远的位置开始设置限位块，逐渐推进，直至找到正确的位置。因此，木条的初始长度应尽量长一些。

29＋30.将铰链木条修剪至所需长度。设置22.5° 斜面夹具的限位块。切削一侧斜面，然后翻转木条切削第二个斜面。在第二根铰链木条上重复这个过程。需要两根木条才能确定铰链木条的正确长度。

31.这张图片展示了良好的匹配度应该的样子。把两根铰链木条放入框架中，使1/3厚度对应的斜面贴合在一起，则2/3厚度对应的斜面会形成一个V形凹槽。检查铰链木条被塞入45° 角的另一端后是否存在缝隙。如果缝隙与对角线木条在同一侧，则表明铰链木条过长；如果缝隙在铰链木条的另一侧，则表明铰链木条过短；如果转角处没有缝隙，同时铰链木条没有在中间接触，同样表明铰链木条过短了。

29

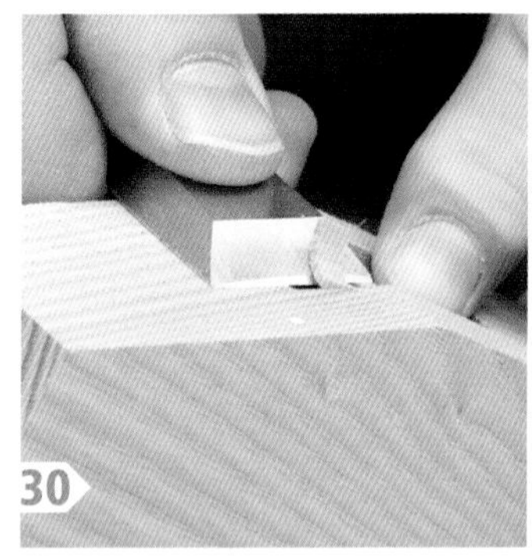
30

31

用锁定木条锁定图案

令人惊讶的是，铰链木条相交时形成的鸟嘴其实是一个90° 角。这意味着锁定木条能对应两个90° 角，因此与对角线木条一样，其斜面是用45° 斜面的夹具制作的。换句话说，锁定木条相当于对角线木条的缩短版。因此，锁定木条的制作过程与对角线木条一样。每个麻叶图案需要8根锁定木条。

32

33

34

32. 回到45° 夹具。像制作对角线木条一样设置限位块，使木条末端的底部边缘落在凹槽与引导面相交的位置。切削出木条一端的两个斜面，然后首尾调转木条，切削出另一端的两个斜面。

33. 插入锁定木条。这应该不需要多大力气，更不需要用到锤子。插入锁定木条后，检查对角线木条与锁定木条接触的位置是否存在缝隙。如果有，说明锁定木条过长了。如果锁定木条不存在过长的问题，就把框架拿起来摇动。如果锁定木条掉落，就说明它太短了。

34. 完成麻叶图案。设置好夹具的限位块之后，完成剩余锁定木条的斜面制作。安装两根铰链木条，然后插入一根锁定木条。重复这个步骤，直至完成整个麻叶图案。花一点时间欣赏一下刚刚制作完成的图案。或许存在一些问题，或许有一些缝隙，但成绩是主要的。不要找人来指出任何的小问题。实际上，他们根本发现不了，他们只会惊叹于你制作的东西。我保证。

如何制作框架

我制作的许多面板都是打算用来装饰的，所以我会把它们框起来。你可能马上会想到斜接接合，因为那是绝大多数框架使用的接合方式。但我认为，倾斜的斜接线与用于制作组子装饰面板的方正接合不太搭。因此，我使用改进版的半搭接接合方式接合框架部件。我还想出了一个方法，即锯切贯穿框架部件的半边槽，并在把部件胶合在一起的时候让接头填充半边槽。这样框架的外部就看不到任何缝隙。这样不仅制作快速，并且做出来的框架也非常牢固。

制作半边槽

将框架部件加工至最终尺寸（我稍后会告诉你如何确定其长度）之后，用组合锯片沿框架的一侧边缘锯切出半边槽。在框架组装完成之后，把一块胶合板背板插入半边槽中。将织物粘在胶合板的正面，充当组子面板的可爱背景。

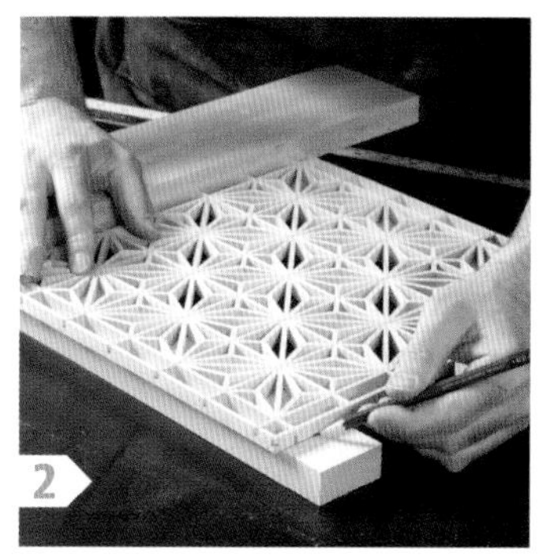

1. 把木板末端修整方正。用台锯将4个框架部件的一端切割方正。接下来的所有画线和操作都要从这里开始。

2. 确定框架边长。将两个框架部件放在平整的表面。将另外两个框架部件方正端对齐叠放在一起，并用其侧面抵靠在第一组框架部件的方正端。把组子组件的一边与第一组框架部件的方正端对齐放好，在框架部件的另一端对齐组子组件并画线。

3. 把框架部件切割到最终长度。回到台锯上，在定角规的靠山上固定限位块，将所有框架部件锯切至最终长度。

4. 准备一块胶合板做牺牲靠山。在胶合板靠山（见小插图）上标记出半边槽的深度线，然后用几个木工夹把牺牲靠山固定在台锯的纵切靠山上。把靠山固定到位，使其外侧边缘越过开槽锯片内侧边缘约¼ in（6.4 mm）。

5. 抬高开槽锯片并切入靠山。注意画线的位置，在锯片升高到画线处停下。如图所示，锯片现在处于正确的高度。

6. 设置半边槽宽度。半边槽的宽度至少应为½ in（12.7 mm），这样才能提供足够的空间支撑胶合板并使其紧贴框架部件。

7. 锯切半边槽。保持持续的压力，使部件向下压紧台面，向内顶紧靠山，以免框架部件抬起导致半边槽锯切过浅。完成锯切后，暂勿调整开槽锯片的高度。

偏置搭接

这不是标准的半搭接接合，因为配对部件颊部的切割深度没有达到部件厚度的一半。为什么呢？因为组装完成后的半边槽从外部仍然看得见。为了隐藏半边槽，需要一个部件（图中为上方的部件）的颊部比另一个部件的颊部更宽且更短。这样在拼接的时候，窄而长的颊部可以填充半边槽。

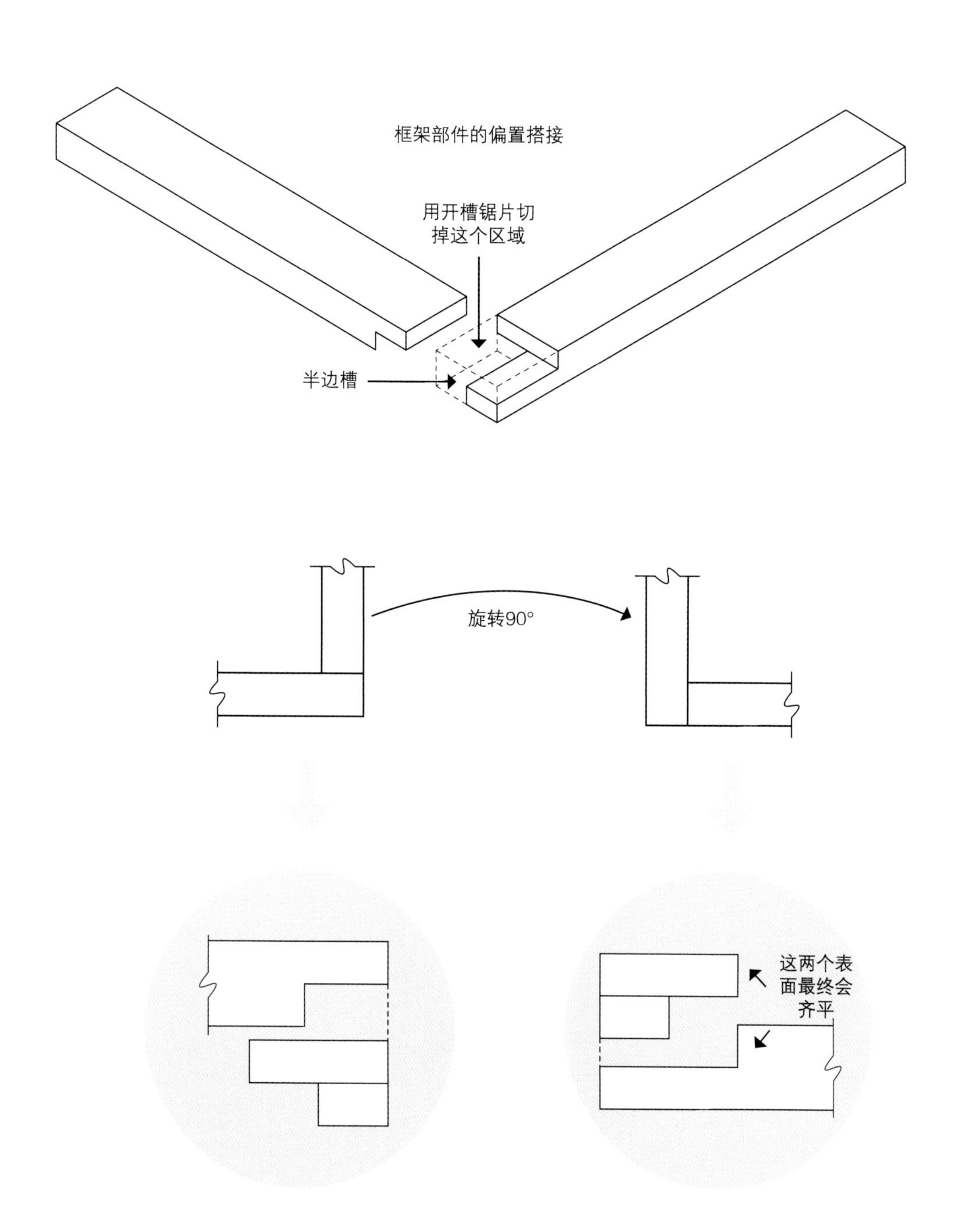

从上方部件开始

为了在部件上切出颊部，需要从部件背面切掉一些木料。现在，开槽锯片已经处在正确的设置高度。

8.画出颊部的长度线。由于半边槽已经切出，所以这个颊部的长度不会与框架部件的宽度相同，而是等于从框架部件的外侧边缘到半边槽的距离。通过两个部件的垂直关系，将这个数值转移到配对部件上。

9.用开槽锯片锯切出颊部。在定角规上设置一个翻转限位块，以便开槽锯片沿画线切割。第一次锯切要确定榫肩的位置。

10.翻转限位块。将框架部件从锯片上滑开，进行第二次锯切。重复操作，直至完成颊部的锯切。将部件旋转180°，切割另一个颊部。在第二个框架部件上重复上述步骤。

8

9

10

以下方部件收尾

这次需要从两个下方框架部件的正面切掉一些木料，并使用开槽锯片锯切到半边槽处，但不要切入。

11. 为颊部画线。将一个框架部件放在另一个部件上面，如图所示的这样对齐。沿已经切好颊部的部件边缘画线，在另一个部件上标记出接合区域的宽度。用一个直角尺来把线从边缘上平移下去。

12. 锯切割颊部。设置一个可以翻转的限位块，确保开槽锯片可以切至画线且不会切过。开始第一次锯切割来确定榫肩。翻转限位块，向后滑动部件，继续锯切掉剩余部分的废木料。旋转部件，重复上述步骤锯切部件另一端。

13. 胶合框架部件。通常只需要用木工夹夹紧接合区域，但如果上方部件的榫肩没有闭合，则需要使用可以横跨框架的木工夹将框架拉紧。

SUIZAN
MADE IN JAPAN

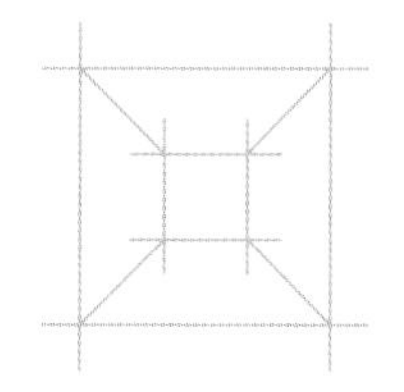

第3章

井字图案

出色的设计魅力永恒。一个设计图案可以沿用数百年而历久弥新？这太惊人了。这种简单优雅的设计让今人自惭形秽。无论如何，这是一个有趣的图案。构成图案中心的正方形，其部件可以用台锯快速制作，而用于把正方形固定到位的4根锁定木条是完全相同的。唯一的技术难题是要确保井字位于框架的中心位置。幸运的是，只要你有耐心就可以做到这一点。

框架图

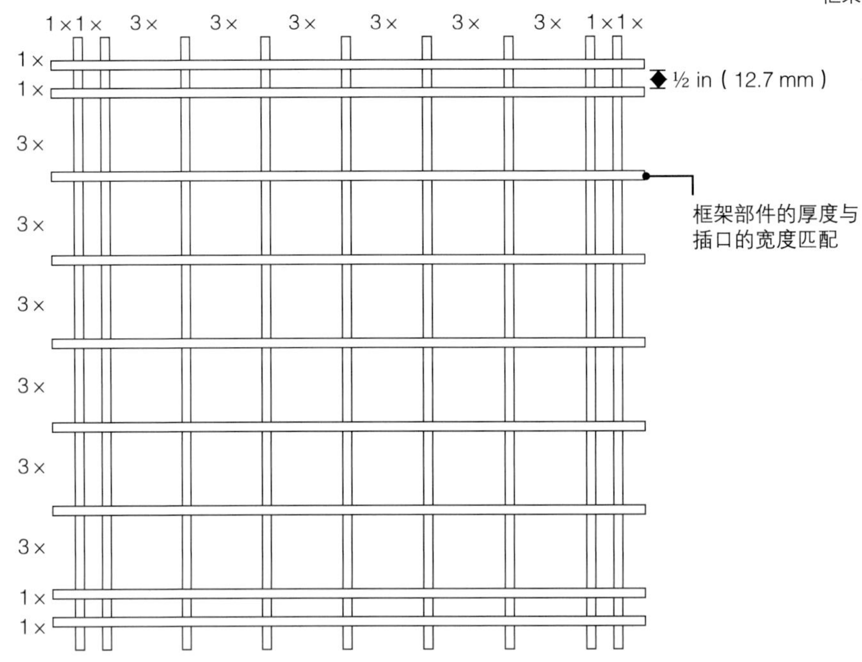

框架部件

框架木条（18）

图样

结构木条
锁定木条
3×
1×
1×
$^3/_{16}$ in
（4.8 mm）
所有部件的厚度均与插口的宽度相同
45°
修剪以完成组装

图案部件

结构木条（4）
锁定木条（4）

斜面引导夹具

45°

从长木料开始加工

你最不应该做的就是用台锯为极短且非常宽的木板锯切插口。应使用足够长的木板锯切插口。插口锯切完成后，再把结构木条锯切到所需长度。相比使用短木板锯切，这样操作不仅更加安全，而且制作速度更快，锯切插口的时间几乎可以忽略。

1. **用木板边缘抵住夹具销。**锯切插口，使其深度稍大于木板厚度的一半。夹具销到插口的距离应比结构木条截距角（见第43页）的长度略大。

2. **将插口间距设置为½ in（12.7 mm），即1单位间距。**将第一个插口套在夹具销上，锯切出第二个插口。这些插口就是后期将结构木条组装在一起的接合点。

3. **设置3单位间距。**在滑板上固定一个指接榫辅助夹具。需要在成对的插口之间留出额外的空间，以便后续可以将结构木条横切到所需长度，并维持插口外面截距角的正确长度。

4.锯切第二组插口。使用指接榫辅助夹具在正确的位置锯切出第一个插口，然后移开辅助夹具，像步骤2那样，锯切出第二个插口。

5.完成所有插口的锯切。按照上述步骤，在木板上锯切出尽可能多的插口。请记住，在每对插口之间使用指接榫辅助夹具设置间隔距离。

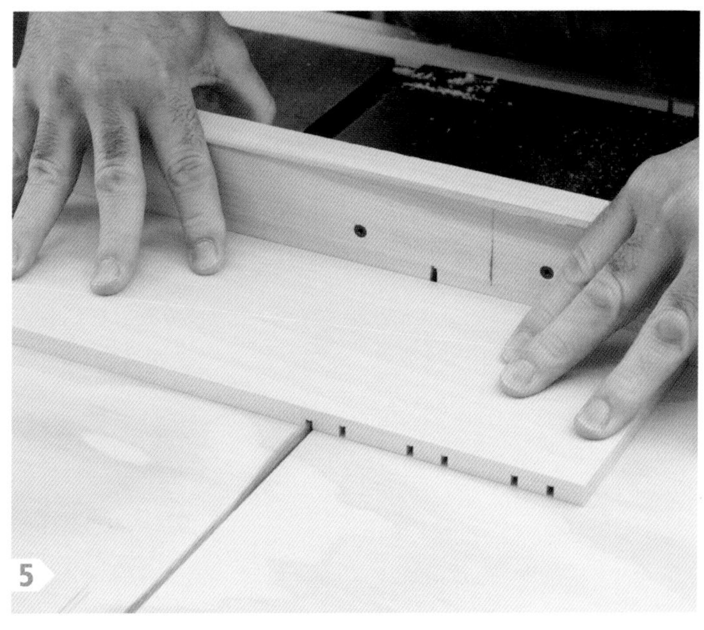

将结构木条锯切到所需长度

组子图案中延伸超过插口的部分为截距角，只有所有木条的截距角长度都相同，井字图案才会呈现均匀、整齐和优雅的外观。为了使截距角具有相同的长度，最快、最精确的制作方法就是使用指接榫夹具。用夹具销定位插口的位置，然后将木条横切到所需长度。

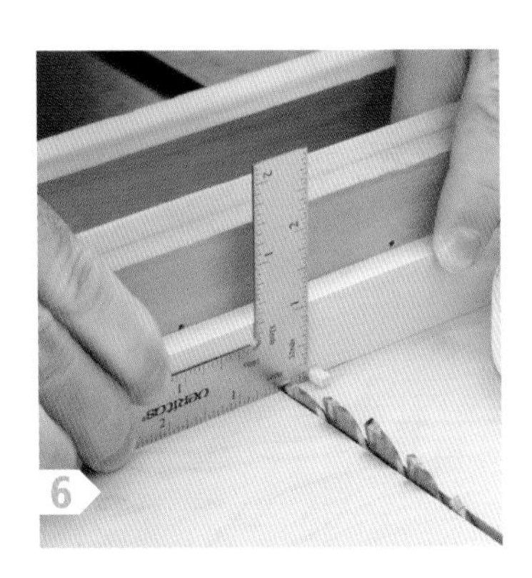

6. 定位夹具销。用胶带或螺丝将指接榫夹具固定在横切滑板上，使夹具销到锯片的距离为 $\frac{3}{16}$ in（4.8 mm）。这里我没有使用组子专用的台锯滑板，因为其靠山上的销钉会妨碍操作。

7. 修剪木板末端。将锯片升高，使其比木板的厚度高出约 $\frac{1}{16}$ in（1.6 mm）。然后，将木板的第一个插口套在夹具销上，把木板推过锯片。现在截距角的长度为 $\frac{3}{16}$ in（4.8 mm）。

8. 继续锯切。翻转木板，将第二个插口套在夹具销上。将木板推过锯片，这样就切下了一组井字图案的结构木条。重复操作，直至得到所有的结构木条。

纵切

再次强调安全事项。这些木块非常短，而且它们的宽度大于长度。为了安全地切取结构木条，你需要花费一点时间制作一个推料板，将木块安全地推过锯片。必须这么做。安全问题不容商量。

9. 自制一个推料板。推料板包含两层，每层都与待纵切的木块一样厚。把两块木板粘在一起，保持上层木板的一端超过下层木板，且能完全覆盖待纵切的木块。推料板的宽度至少应与待纵切木块的宽度相同。

10. 保持手指与锯片的安全距离。为推料板安装手柄，或者用一个底部带有防滑泡沫的推把将木块和推料板推过锯片。此外，锯片的高度应稍稍高过木块的高度，以确保锯切时木块始终位于推料板中。

11. 组装井字图案。无须使用胶水。虽然这些木条都很短，但仍很容易折断，因此只能在接合处施加压力。

9

10

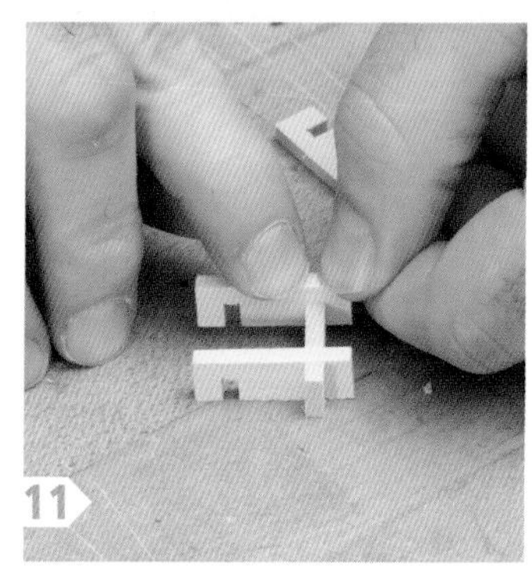
11

制作锁定木条

与把麻叶图案中的铰链木条固定在一起的短木条一样，固定井字结构的锁定木条的两端也都是45° 斜面。由于4根锁定木条的长度决定了井字图案在正方形中的位置，所以这4根木条的长度极其重要。4根锁定木条必须长度相同才能确保井字图案被居中。

12. 标记锁定木条的大致长度。将井字图案放置在正方形的中心后（尽量保证目测准确），沿正方形和井字图案的对角线放上一根没有插口的木条。不需要很准确。此时的木条应该长一些，以防井字图案定位得不够准确。

13. 斜切锁定木条的末端。这个过程与处理麻叶图案中的对角线木条和锁定木条相同。在木条一端切削出两个斜面，然后翻转木条，切削出另一端的斜面。

14. 同时测试4根锁定木条。当全部4根锁定木条都能够与井字图案和正方形紧密匹配，且最后一根锁定木条插入时没遇到明显阻力，那么锁定木条的长度就是合适的。

15. 完成井字图案拼接。制作出所有的锁定木条，然后完成井字图案的拼接。

牛奶漆

我制作的大多数组子装饰面板都是作为装饰艺术品悬挂在墙上的。因此，我为它们添加了边框（见第32~37页）。我给边框上了漆，因为我认为天然色的边框，例如樱桃木或胡桃木边框，会削弱组子图案的艺术感染力。涂料是完全不同的媒介。从视觉上讲，它围住了组子组件，并使其更加醒目。组子组件就像主唱，而涂抹了涂料的边框就像伴奏的乐队。我使用的涂料是从老式牛奶漆公司（Old Fashioned Milk Paint Co.）购买的牛奶漆。我喜欢这种漆的传统颜色，以及其混合形成不同颜色的特性。牛奶漆易于混合和使用，干燥后涂层会有杂色，看起来很像木材纹理。这种特性使牛奶漆拥有乳胶漆和丙烯酸涂料所不具备的柔软和有机质感，可以为组子几何图案提供有力的衬托。

粉末+水=涂料

牛奶漆是粉末与水混合得到的。随着混合物变得浓稠，可以继续加入更多的水。牛奶漆可以存放过夜，如果这么做的话，最好为容器盖上盖子以减缓水分的流失。新配制的牛奶漆使用寿命为24小时。

1. 准备大量温水。我发现，最佳配比是1份粉末加1½份的温水。水的量也可以增加到两份。混合物最初很稀，随着时间的推移会逐渐变得黏稠。

2. 搅拌，然后静置。用一根硬木棒将粉末和水混合在一起。最好将粉末中的团块捣碎并分散开。在使用涂料之前，需要将牛奶漆静置1~1.5小时，并在此期间定期搅拌。

多个涂层可呈现最佳色彩

在涂抹第一层牛奶漆之后，你可能会认为你只是在为木材染色。而我考虑的则是，至少需要再涂抹两层牛奶漆，木材的天然表面才会被完全覆盖。如果涂抹了3层牛奶漆后的效果仍不能令我满意，我会继续涂抹，直到满意为止。关于涂层数，这里没有所谓的最佳数字。

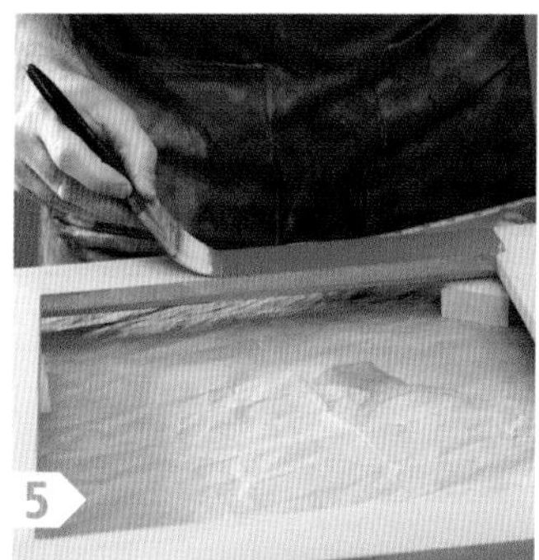

3.刷涂第一层牛奶漆。至少以我的经验来说，最适合刷涂牛奶漆的刷子是尼龙刷。这种刷子很容易找到。刷漆时，没有必要小心细致，但要顺纹理刷涂。

4.将涂层打磨光滑。牛奶漆含水量高，会使木材起毛刺。在第一层涂层干燥后，可以用320目砂纸打磨掉毛刺。通常涂层干燥需要约1小时。当然，在非常干燥的天气中，可能干燥涂层只需15分钟。

5.刷涂更多层牛奶漆。擦拭框架以去除打磨产生的粉尘颗粒，然后刷涂新的涂层。涂层干燥后再次用砂纸打磨。重复上述过程，至少再刷涂一层牛奶漆。

6.上蜡。在最后一层涂层干燥后，使用400目砂纸进行最后一次打磨。擦拭除去粉尘后，用优质家具蜡为框架抛光。

Canon

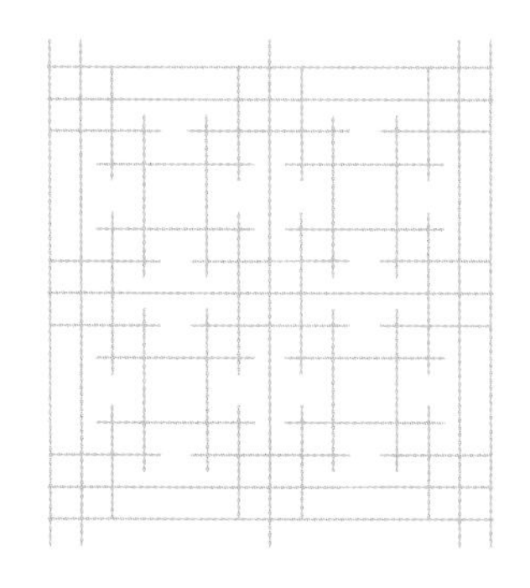

第 4 章

手牵手图案

我喜欢这个图案。交织的组子木条创造了相互交连衔接的正方形区域。它会让人想起一群快乐的孩子。但就像一群孩子一样，如果“管理”不当，图案很快就会展现出让你抓狂的一面。所以，在纵切木条时，就要注意部件之间的匹配紧密程度。即使只有一根木条偏厚，最终也会导致组件像薯片一样卷曲。插口非常多，在制作图案的时候，必须充分考虑每个插口与其配对部件的位置关系。显然，接合处不应该存在任何挤压。

框架图

框架部件

框架木条（14）

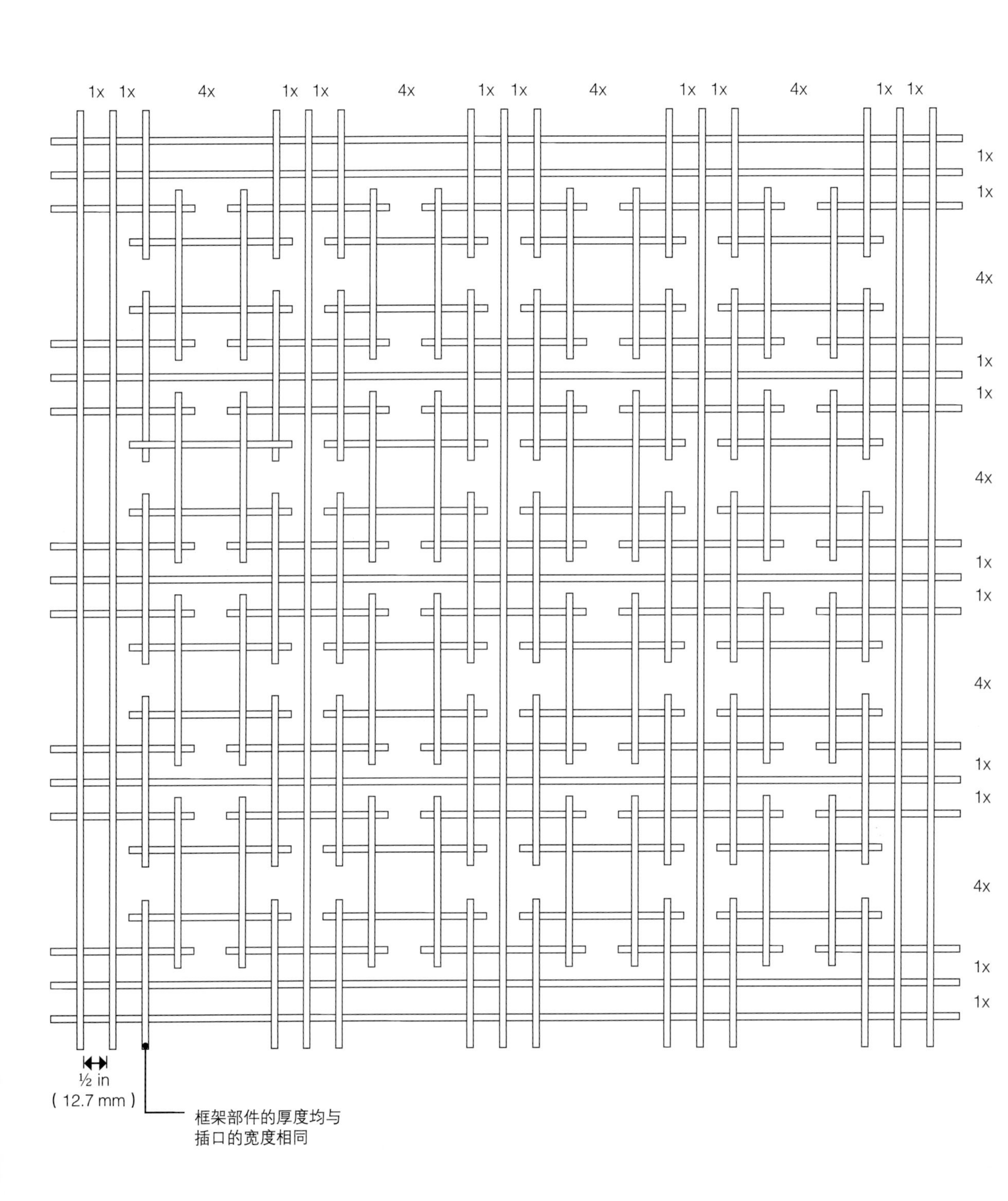

图样

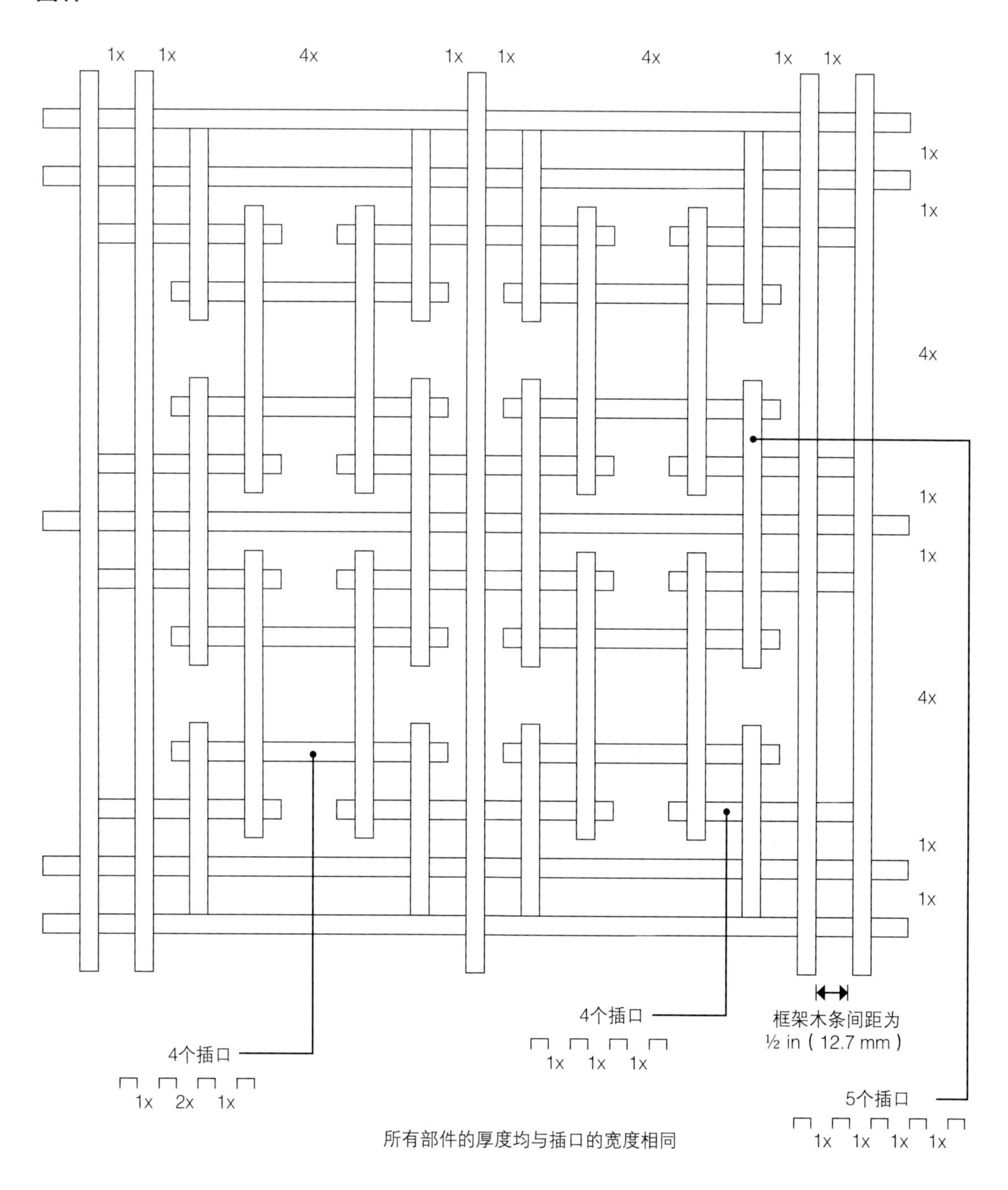

图案部件

1-2-1 木条（64）
1-1-1 木条（64）
1-1-1-1 木条（48）

斜面引导夹具

不需要

制作图案木条

这个设计需要两种不同尺寸的木条。第一种木条包含5个插口，每个插口之间都是1单位间距。第二种木条的头两个插口之间是1单位间距，然后第二个和第三个插口之间是2单位间距，在第三个和第四个插口之间是1单位间距。也就是说，可以把第二种木条同样看作是5个插口的木条，只是中间的插口并不存在。接下来，我会介绍如何制作有5个插口的木条。

1. **利用指接榫夹具的夹具销作为限位块。**将木板的一端抵靠在夹具销上，然后把木板推过锯片。与制作框架木条的情况一样，锯片应刚好切过木板厚度的一半，这样当木条接合在一起的时候才会彼此齐平。

2. **第二个插口与第一个插口保持1单位间距。**把第一个插口套在夹具销上，然后锯切出第二个插口。

3. **继续锯切3个插口。**这种木条总共包含5个插口，插口之间都保持1单位间距。

4. **每5个插口一组，组间保持2单位间距。**把辅助靠山安放到位，将其第一个插口套在夹具销上。在将木块锯切到所需长度时，这个额外的间距会带来方便，相邻木块的截距角之间有足够的空间可以容纳锯缝。

5. **锯切出剩余的插口。**包含4个插口的木条也用同样的方法制作，只要确保第二个和第三个插口之间留出2单位间距。计算从一块木板中可以获得多少木条：每根木条厚⅛ in（3.2 mm），纵切的锯缝宽度⅛ in（3.2 mm），也就是每根木条要占用¼ in（6.4 mm）的木板宽度。然后还要计算需要多少5个插口的木条。记得额外锯切一些木条备用。

1

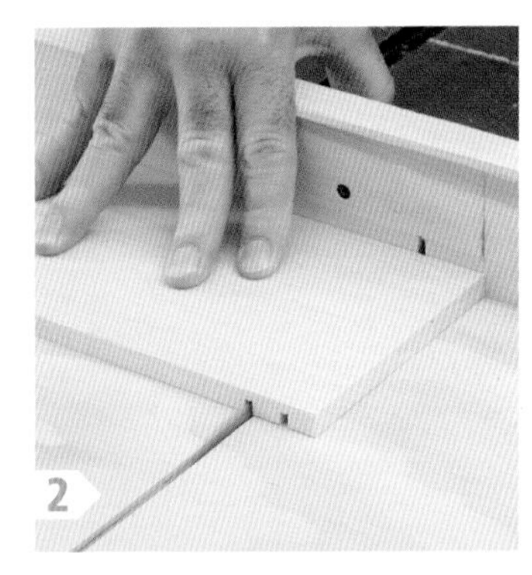
2

3

4

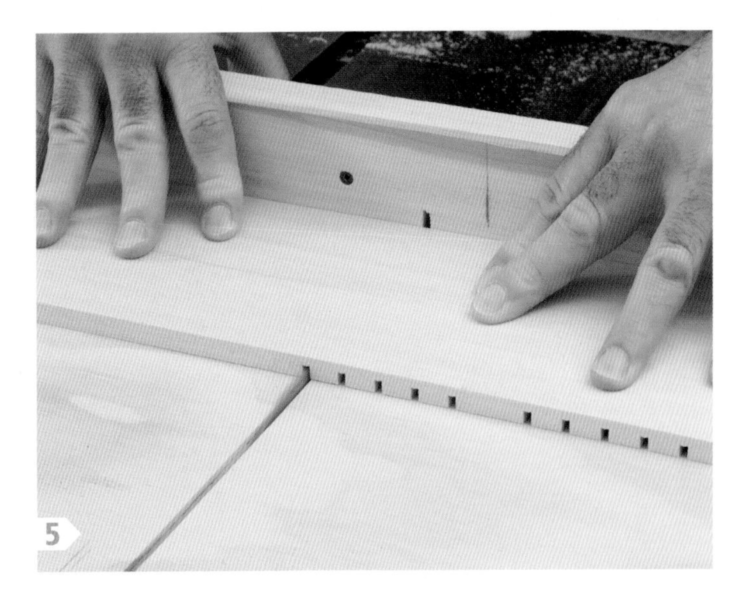
5

切出木块长度

最重要的是，木条两端的截距角长度要相同，所以需要在横切滑板上固定一个指接榫夹具。由于截距角比较短，因此要小心操作，不要将其折断。

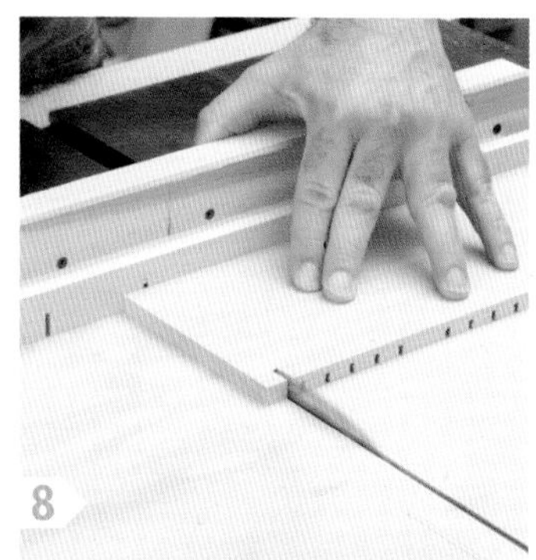

6.**测量并定位夹具销**。我将夹具销与锯片的距离控制在稍稍大于⅛ in（3.2 mm）。这样既能保持截距角足够长，以最大限度地减少损毁，同时也能避免其过长，在视觉上挤满图案。

7.**安装指接榫夹具**。螺丝的效果很好，双面胶带也可以。无论哪种方式，都要确保夹具不会移动，以保证截距角的长度一致。

8.**修剪插口的起始端**。把木板末端的第一个插口套在夹具销上。为了安全，锯片应设置得稍高于木板。

9.**旋转木板，锯切出木块组**。将木板旋转180°，将第一组的第5个插口套在夹具销上，然后锯切，得到第一组木块。重复操作，将所有木块组切下。

纵切

花些时间确定木条的厚度并完成锯切。测试木条，在拼接后木条的接合处不应该存在压力。整个拼接过程可能会很乏味，但这值得你付出努力。毫无疑问，耐心是制作组子最重要的工具。

10.使用自制推料板。推料板的制作过程参考井字图案部分。将两块木板用胶水粘在一起。其中底部的木板与木块组的厚度相同，顶部木板应相对于底部木板突出，且突出部分至少要覆盖木块组长度的三分之二。

11.安全稳定地进料。随着锯切的进行，当木块变得过窄时，可以将另一块木块紧靠在其旁边，这样既能保证向下均匀施加压力，又能使手指与锯片保持安全距离。

12.继续纵切。继续从木块上切取木条，直到无法切出。你需要多准备一些木条！

组装图案

需要把很多木条组装在一起，每根木条需要按照特定的顺序添加。这个过程有些难度，但如果你可以放慢速度并享受这个过程的话，那么事情就会简单许多。对于很多事情，正确比速度更重要。

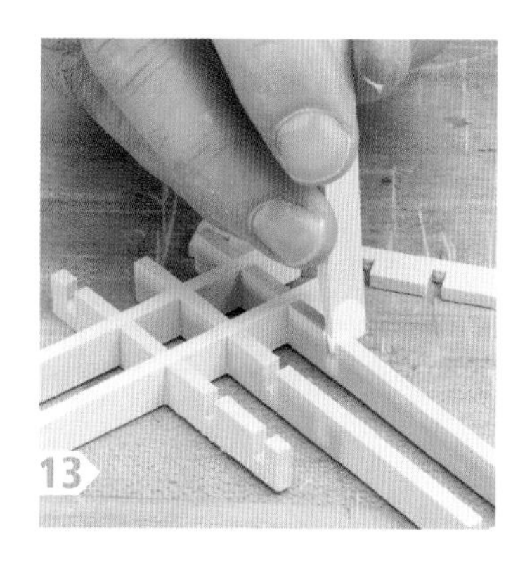

13. **在外围使用胶水。**把一根组子木条的一端用凿子切削出斜面，使其可以进入插口中涂抹胶水。由于外围的接合使用了胶水，所以稍后可以把相应木条的截距角切掉。

14. **沿组子外围组装。**这些木条实际上只用到了4个插口，但使用的仍然是带有5个插口的木条。从木条的第二个插口开始与外围框架中的插口配对。

15. **将外围木条连接起来。**这是5个插口的木条发挥作用的地方。一根5个插口的木条可以将相邻的两个正方形中的图案连接在一起。注意，每次将每个接合点下压一点，直至整根木条完全就位。

16. 开始组装正方形内部。改用中间无插口的木条，即4个插口的木条。由于与4个插口的木条的两端插口拼接的两根木条已固定在框架木条上，这里的组装无须使用胶水。

17. 添加正方形的第二条边。现在，这根木条只与一根木条相接。

18. 将第三根木条插入到位。翻转框架，以便可以更舒适地插入正方形的最后两条边。在这里，应保持4个接合点同步接触。来回缓慢地按压每个接合点，以免折断木条。

16

17

18

19. 完成正方形的组装。现在，内侧仍有一个插口是敞开的，但这部分的正方形已经组装完成了。

20. 桥接其他部分。用一根5个插口的木条将这个正方形图案延伸并连接到旁边的正方形图案中。然后翻转框架，添加相同的木条以连接另一侧的图案。

选择面料

在日本，传统上用宣纸糊在组子组件的背面，其半透明的特性能让阳光透入，并使光线变得柔和。这种纸使用木纤维制作。出于某些原因，西方习惯称之为米纸，尽管这种纸里没有用一点米。你可以成卷地或单张地购买宣纸。我制作的面板是为了挂在墙上，无须透光，因此我从来不用宣纸粘在组子背面。我比较喜欢用面料或者装饰美术纸，因为它们的颜色和图案更丰富，可以提供更广泛的设计选择。然而，由于可供选择的面料很多，所以你必须小心，不要选择与组子图案冲突的面料。以下是在选择组子面料时可供参考的一些信息。

力求和谐

对于装饰性的组子面板，其焦点永远是组子图案。所以，组子背面的面料和它周围的边框不应喧宾夺主。面料、宣纸或边框的作用是使组子图案更醒目。面料图案必须足够精致，粗糙的图案会破坏整体的和谐，削弱组子图案的视觉效果。尤其要避免使用带有几何图案的面料，其图案线条会与组子图案冲突，破坏组子图案特有的安静和优雅。

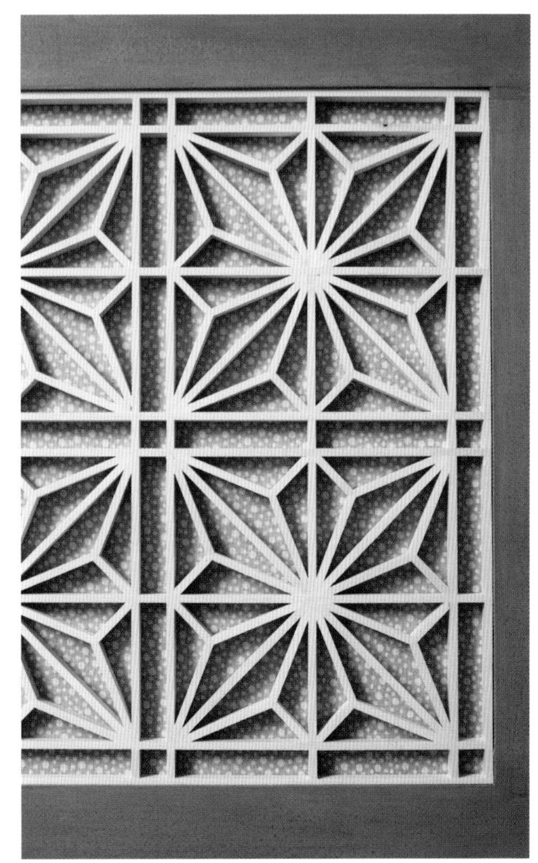

颜色的选择

如果使用椴木等浅色木材制作组子，那么面料或纸张则应该选用颜色深一些的，与组子图案相映成趣。但也没有必要使用黑色或深蓝色这么深的颜色。我喜欢用红色、绿色和蓝色，因为它们与我制作的大多数组子的颜色很搭配。深黄色的背衬与椴木组子看起来也很棒。

小图案效果最佳

如果你不想使用纯色的面料或纸张，我建议你选择具有重复性小图案的产品。如果图案设计精致就更好了。此外，还要注意颜色的搭配。在深蓝色面料上的黄色图案，无论多小，都会非常醒目，它会削弱组子图案的视觉冲击力，而在蓝色面料上的浅蓝色图案就不会那么引人注目，陪衬效果应该会很好。

边框的颜色

通常来说，边框和面料的颜色对比不应太过强烈，否则会影响组子的醒目程度。因此，应尽量使用互补色。如果你不确定哪些颜色是互补色，请查看色轮。我个人喜欢边框的颜色比面料略深一些。但这只是个人喜好的问题，而非硬性的规则。

NAKAYA胴付鋸
D210C 組子用
0.2mm最高級鋼使用
MADE IN JAPAN
30°

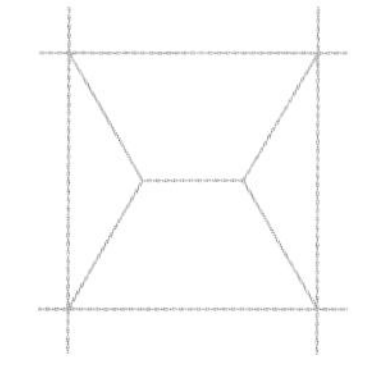

第 5 章

算盘珠图案

组子图案的吸引力很大程度上来自框架和填充木条所形成的几何图案，但同样不应忽视图案中的空白空间。这个图案设计完美地说明了，留白是可以与图案相得益彰的。算盘珠这个名字，得自于组子木条形成的六边形，看起来很像一颗算盘珠。不过，主导这个图案的是其空白空间，它赋予了组子简单而诱人的美感。一旦了解了留白的魅力，你就可以创作出更多简单而内涵丰富的作品。

框架图

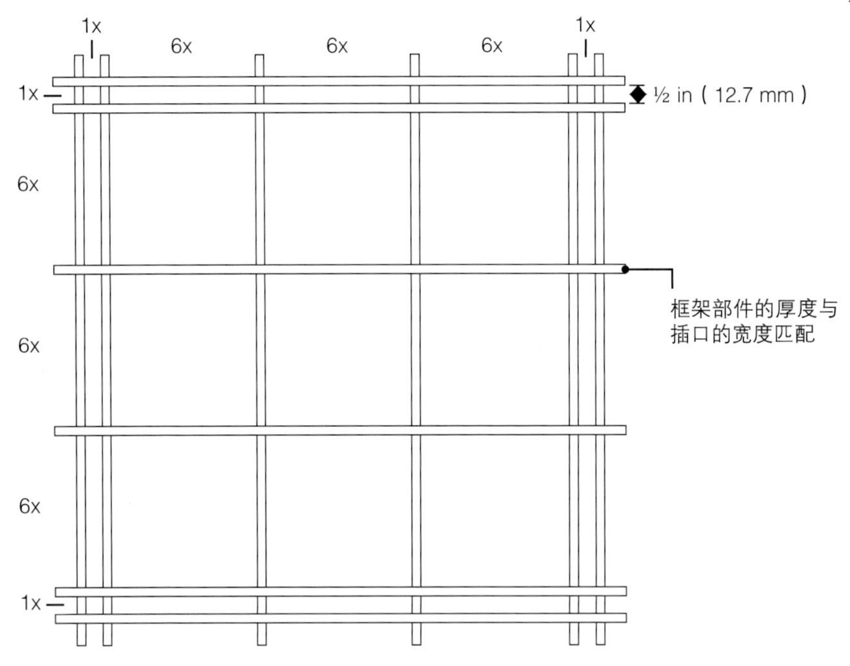

框架部件

框架木条（12）

图样

图案部件

铰链木条（4）
锁定木条（1）

斜面引导夹具

30°
60°

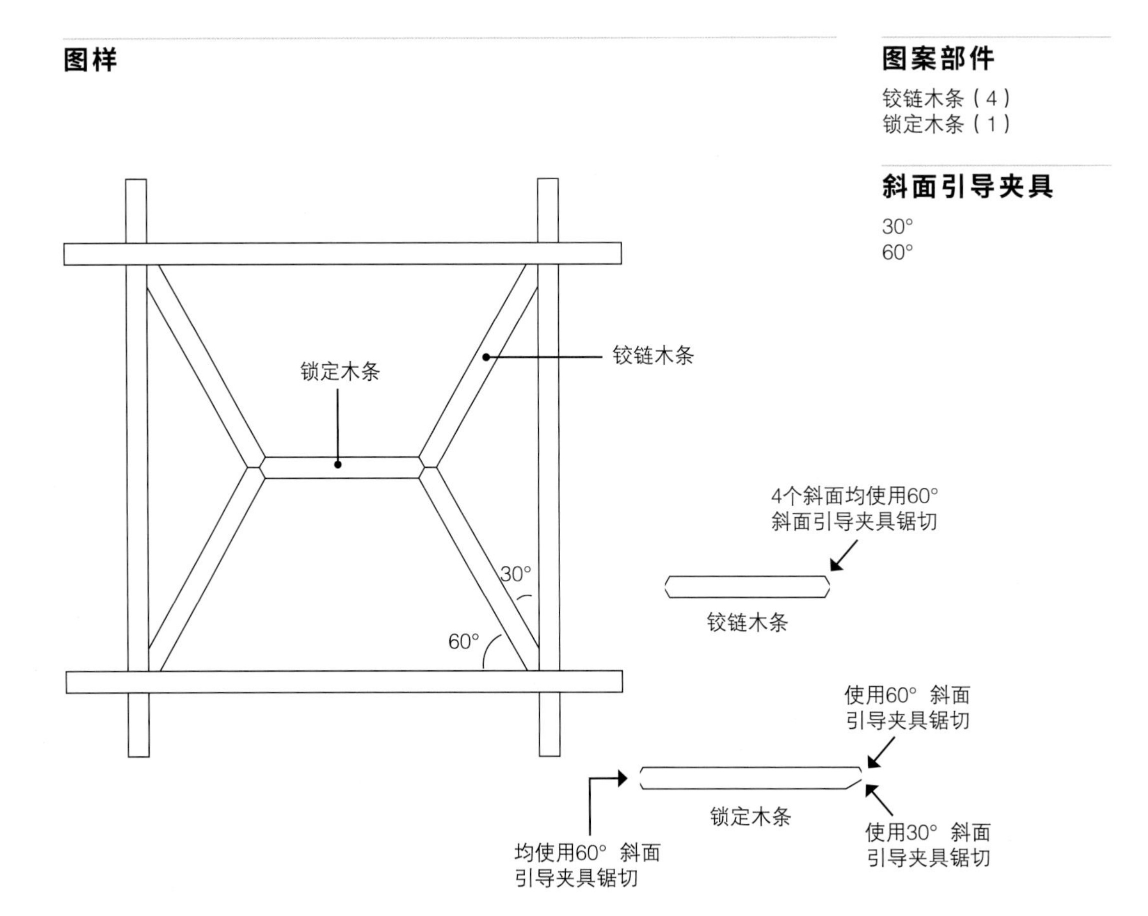

首先制作铰链木条

铰链木条是从90° 的转角处以60° （或者30° ，取决于你的视角）的角度伸出的，因此其插入转角的斜面不是45° ，而是60° 和30° 。幸运的是，尽管角度不同，但两个斜面仍会在木条厚度的中间相遇。还值得一提的是，这种设计只在框架木条上有插口。

1.标记铰链木条的长度。取一根木条，使其以约60° 的角度从转角处伸出，一直延伸到越过正方形的中线。在木条上对应转角顶点的位置画线。

2.制作铰链木条。制作这个组子图案需要36根铰链木条。此外，还要至少多做6根备用，这样也方便在确定铰链木条的长度时使用。如果不小心将木条切得过短，从头开始重新制作会让人很沮丧。

3.先切削两个60° 斜面。由于它们都是用同一个限位块设置切出的，所以这两个斜面会在厚度的中间相遇。你需要知道厚度的中间在哪里。先切削60° 斜面的原因在于，它比30° 斜面更陡，并且在切割30° 斜面时会被切掉。

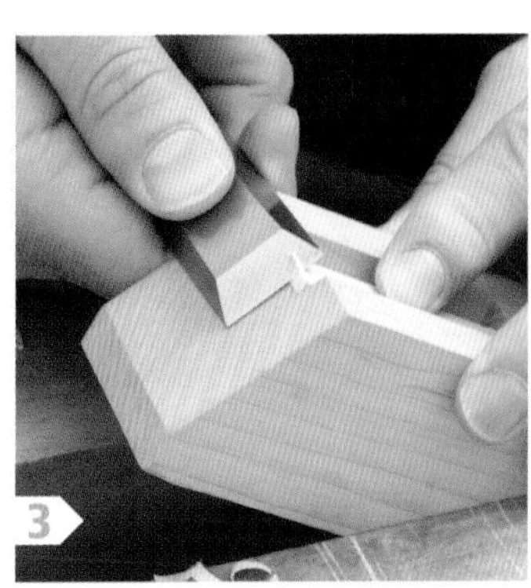

4. 设置30° 斜面引导夹具的限位块。这里要小心。设置好限位块，以保证在切削出30° 斜面时，60° 斜面被全部切除，且两个斜面在厚度中心相交。最好循序渐进，直到完成最终设置。

5. 切削斜面。将凿子背面紧紧平贴在引导斜面上，完成最后一次切削。

6. 两个斜面在中间交汇。检查两个斜面交汇的位置。它们应形成一条清晰的线。如果这条线不够清晰，则需要调整限位块，用凿子再切削一次。真正锋利的凿子可以切削出很薄的木屑，从而将30° 斜面微调至完美。

4

5

6

修剪木条的长度

铰链木条的另一端是两个60° 斜面，它们会在厚度中心交汇。这种情况可以使逐步确定木条长度的过程更轻松。设置限位块，切削出两个斜面并进行测试。如果木条过长，可以将限位块调整到更靠近引导斜面的位置，然后重新切削。

7.目测木条长度。将两根铰链木条的一端分别插入一对转角中，使其另一端在中心重叠。从上往下看，在上面的木条上标记出交汇点。

8.开始切削木条。将60° 斜面引导夹具的限位块前推一些，然后切削斜面，直到画线处。限位块设置到位后，为第二根铰链木条切削斜面。

9.测试匹配程度。两根铰链木条应该在中线处相遇，且没有任何缝隙。看一下转角处。这里也不应该存在缝隙。如果铰链木条的底部有缝隙，那就说明木条过长；如果缝隙在顶部，则说明木条过短。如果转角处没有缝隙，但必须用力才能将两根木条对在中间，说明木条还是过短了。

制作锁定木条

铰链木条相交并形成一个120° 的鸟嘴形接合点。相应地，与之接合的木条需要一个具有120° ，或者两个60° 的斜面。这与麻叶图案的锁定木条类似，只是角度不同。

10. 确定锁定木条的大致长度。将4根铰链木条摆放到位，穿过正方形的中线放置一根木条，标记出大致的长度。

11. 多制作一些锁定木条。对于这个图案，至少需要12根锁定木条，这样在调整夹具限位块时就有3根木条可以备用。

12. 切削斜面。在一端切出两个斜面，然后翻转木条，切削另一端的斜面。

10

11

12

13.**检查匹配程度**。查看框架是否存在弯曲的地方。转角处是否有任何之前没有的空隙？如果有空隙或者框架出现弯曲，则表明锁定木条过长。如果拿起框架后木条掉出来了，则说明锁定木条过短。

14.**完成算盘珠图案**。在确定完美的锁定木条长度后，制作出9根锁定木条，完成算盘珠图案的填充。

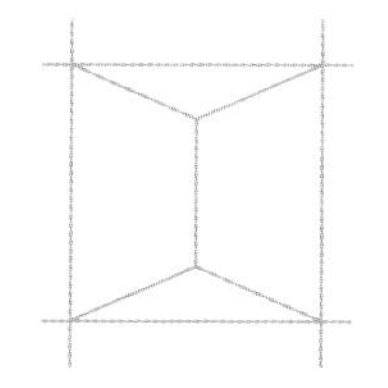

第6章

龟甲图案

这种图案看起来很像是将算盘珠图案旋转了90°，但铰链木条是以不同的角度从转角处伸出的，从而使图案的六边形显得更开阔。因此，这个图案看起来更像龟甲的纹路。这是一个美丽的图案，也是我最喜爱的图案之一。在这个图案中，线条与留白之间形成了极好的平衡。

框架图

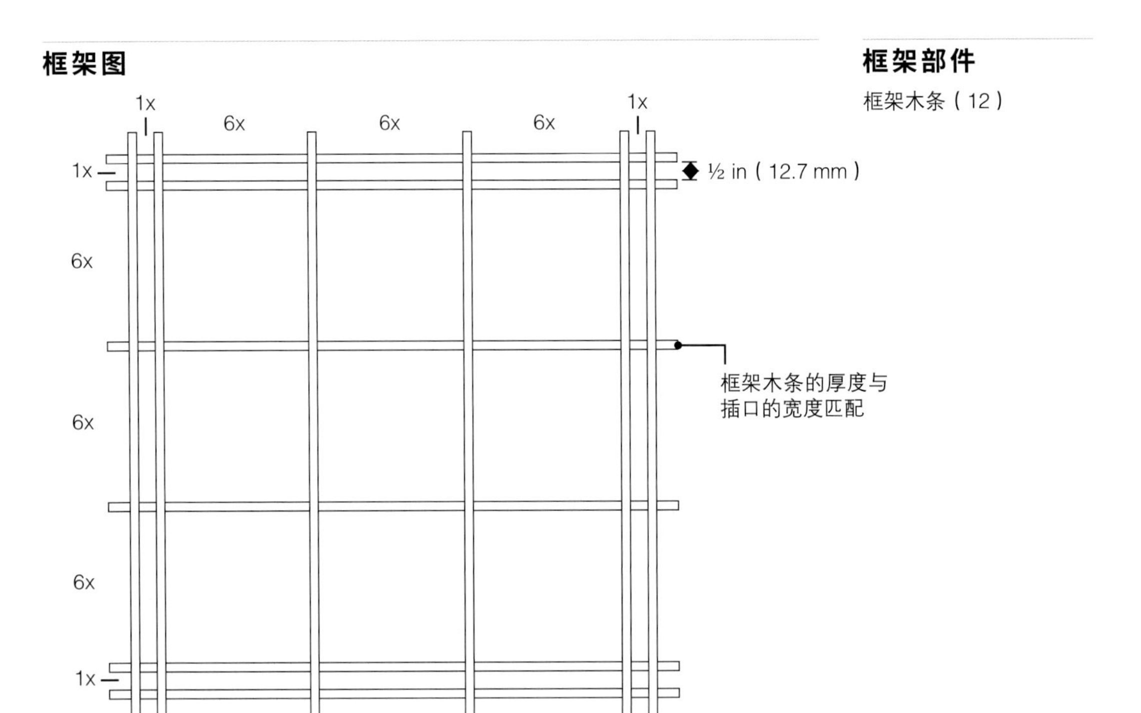

框架部件

框架木条（12）

图样

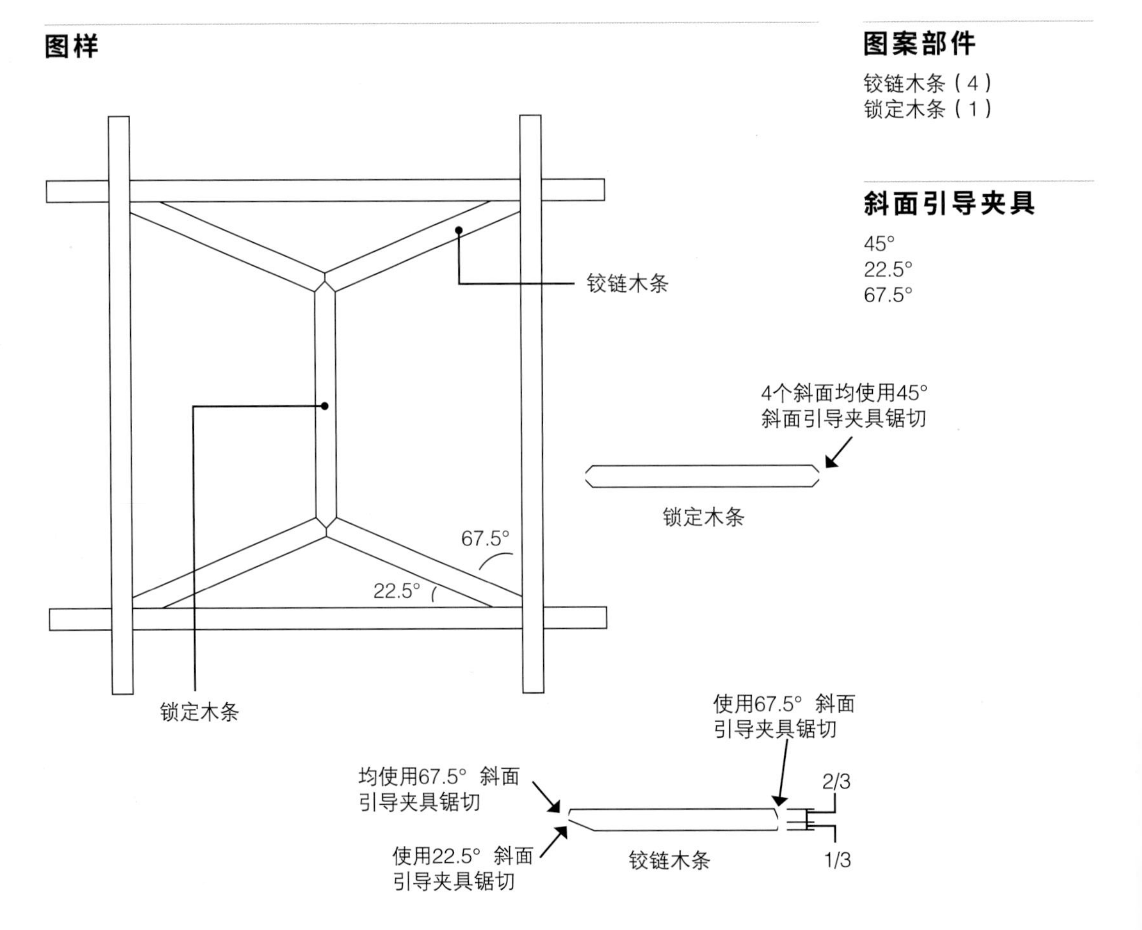

图案部件

铰链木条（4）
锁定木条（1）

斜面引导夹具

45°
22.5°
67.5°

将铰链木条切至所需长度

每个正方形需要4根铰链木条，因此整个图案需要36根。确保多切一些木条（至少8根吧），因为两端的斜面都会偏离厚度中心，切削正确的斜面极具挑战性。

1. 锯切出大致长度。在框架上放置两根木条，使其从拐角处尽量以22.5° 的角度伸出。我会将一根木条的两端搭在框架上，然后将另一根木条的一端固定到位，以便进行标记。

2. 锯切。尽量方正地锯切木条两端。即使一点角度偏移也会影响木条两端斜面的精确切削。

切削67.5°和22.5°斜面

这个操作颇为棘手，因为木条两端的斜面都是偏移的。一个斜面对应木条厚度的2/3，另一个斜面对应木条厚度的1/3。之前麻叶图案的铰链木条切削过这样的斜面。然而，在这个图案中，两个斜面的角度也是不同的。67.5° 的斜面较大，因此优先制作。

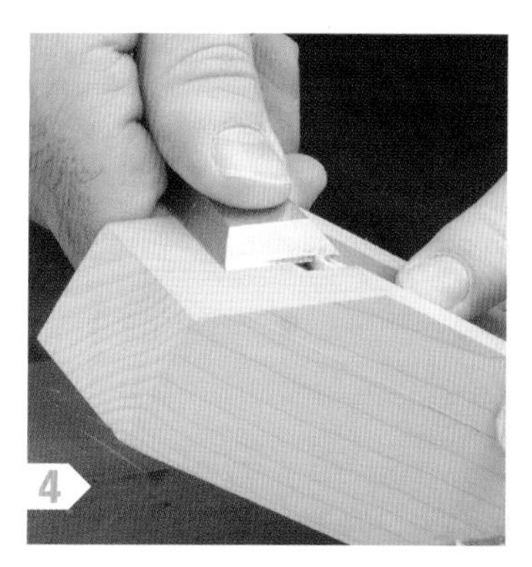

3. 切削出单个67.5° 斜面。调整限位块，使木条的底部边缘与凹槽和引导斜面的相交线对齐。跨越整个木条厚度切削斜面，这样木条看起来就像一把凿子。

4. 翻转木条，切削22.5° 斜面。这个斜面只对应铰链木条厚度的1/3。你要如何判断斜面何时到达预期的位置呢？目测，就是这样。我的技巧是在视觉上使小角度的斜面面积加倍，以便判断斜面与部件厚度的关系。相信你的眼睛。

5. 切削出。设置一把可调节的直角尺，使其刀片与两个斜面的交汇前沿对齐。稍后你将使用它在木条的另一端正确地切削2/3和1/3厚度对应的斜面。

切削两个67.5°斜面

现在可以将铰链木条修剪到所需长度了，但是需要一次调整两个限位块，因为斜面存在偏移。不过，至少两个斜面的角度是相同的。耐心一点，你可以做好的。

6.切出两个斜面。设置两个斜面引导夹具，一个用来切削跨越木条整个厚度的斜面，另一个则用来切削1/3厚度对应的斜面。

7.检查斜面的偏移程度。使用之前设置好的可调节直角尺检查斜面，确保铰链木条两端的偏移相匹配。

8.查看缝隙。如果两根木条在中线接触，且转角处没有任何缝隙，说明操作很完美。如果铰链木条上方的转角处存在缝隙，说明木条过短；如果缝隙在木条下方，说明木条过长。享受调整两个限位块的操作过程吧。

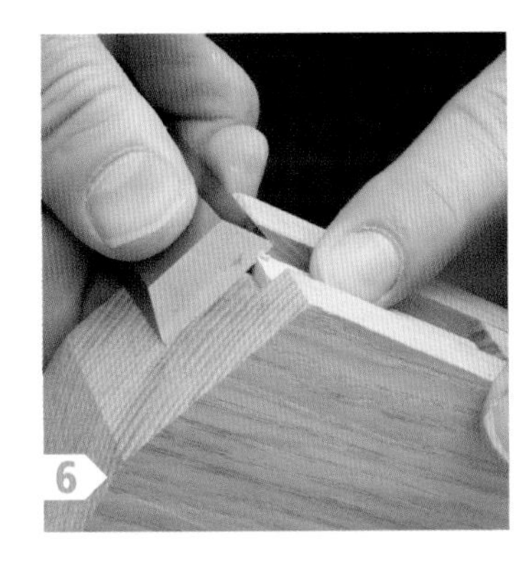

锁定木条两端都是45°斜面

锁定木条的制作很简单，与麻叶图案中的锁定木条一样。确保多切几根木条，以努力得到完美的匹配度，且不用担心万一有木条切得过短。

9. 设置夹具。 锁定木条两端都要切削两个斜面。如果在一端切削出一个斜面后就旋转木条切削另一端，斜面前沿可能会插入限位块下方，导致另一端的两个斜面不会相对于木条的厚度中心相交。

10. 检查部件的匹配程度。 不应该强行把木条挤进去，木条应该能够自己稳定在正确的位置。俯视框架的接合位置。如果框架木条向外弯曲，就说明固定木条过长了；如果转角处出现缝隙，同样说明锁定木条过长了。

11. 填充图案。 这一步会很棘手。我用一只手把两根铰链木条固定在一起，把另外两根铰链木条放好但不用手固定，然后把锁定木条插入到位。锁定木条开始插入后，可以放开铰链木条。将锁定木条一直下压到底。

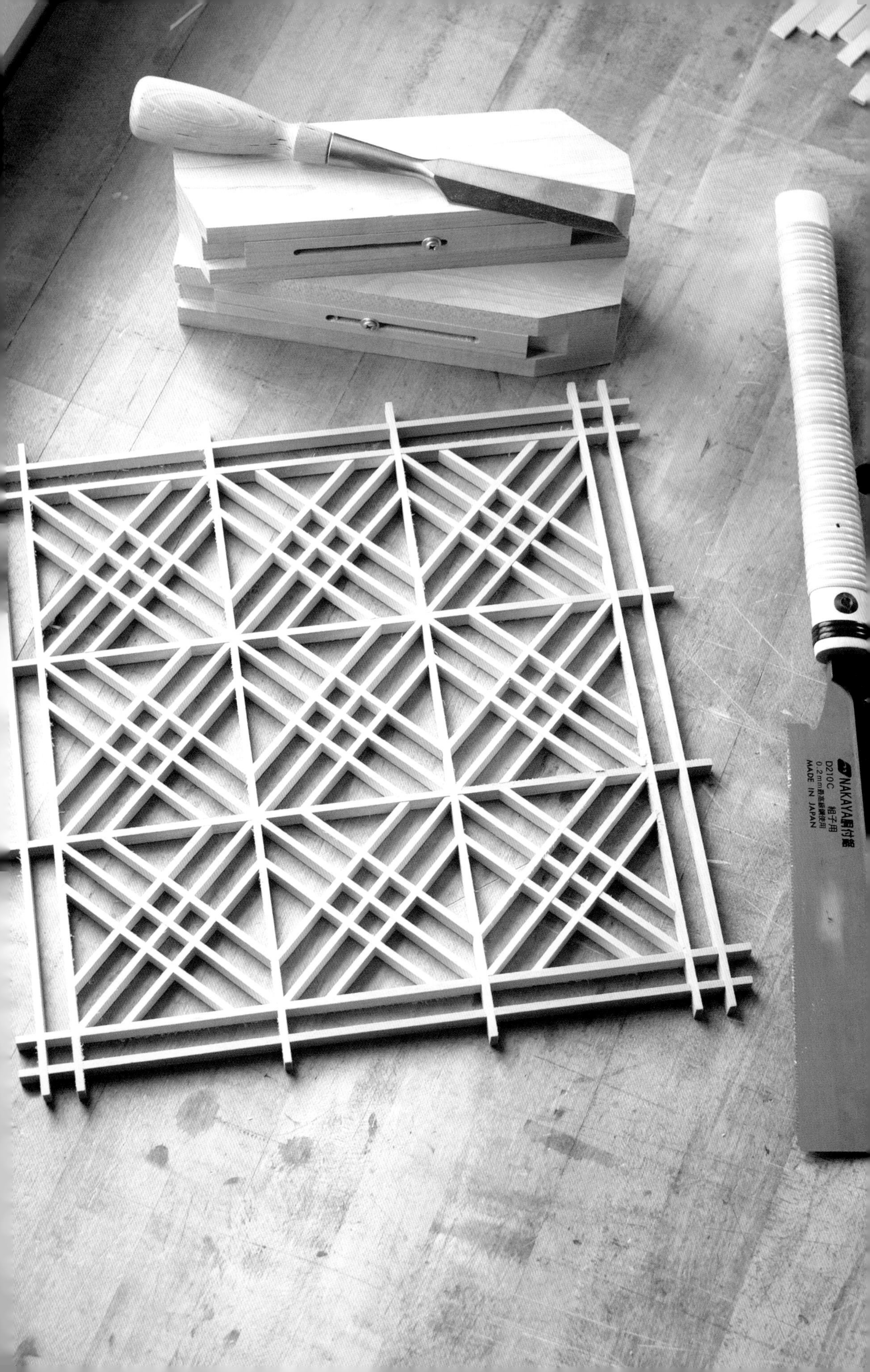
NAKAYA
D210C 組子用
MADE IN JAPAN

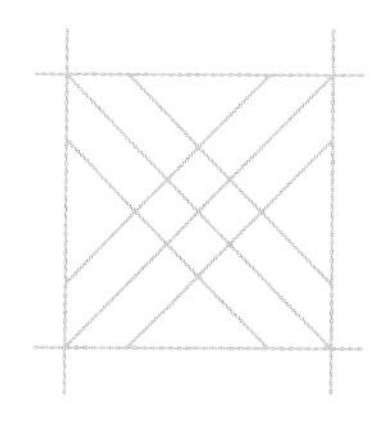

第 7 章

广场舞图案

我很喜欢这个图案。互锁的正方形看起来就像是在面板上跳舞。这让我不禁想起了小学体育课上的广场舞，无止境地重复着哆-西-哆。这让我忍俊不禁。赏心悦目的广场舞开局可能有点骇人，我要做的是揭开它的神秘面纱。像其他图案一样，这个图案的制作过程需要你仔细设置夹具并保持耐心。该图案的扭曲印象是末端为斜面的木条彼此交叉形成的视觉效果。这些插口必须分布在木条的中央区域。接下来，我会告诉你如何应对挑战。

框架图

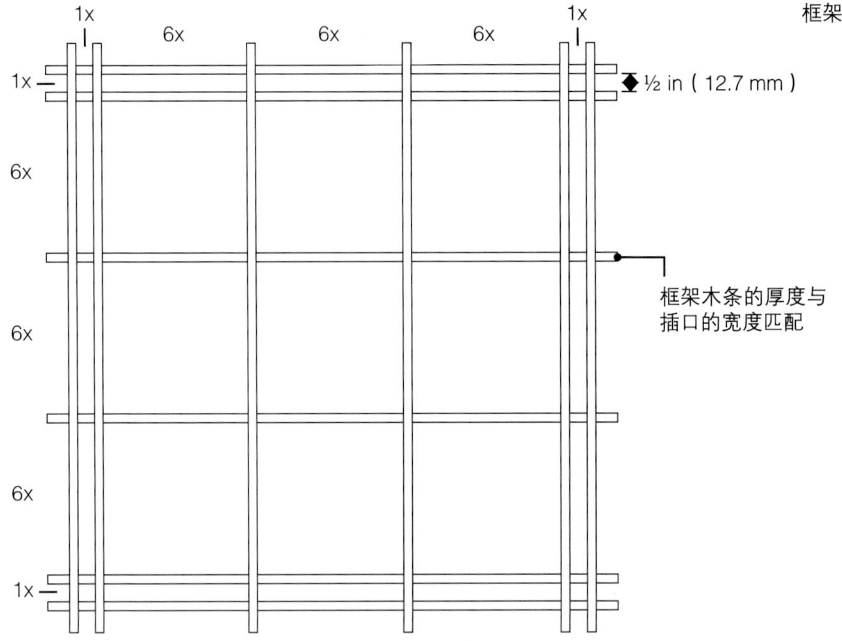

框架部件

框架木条（12）

图样

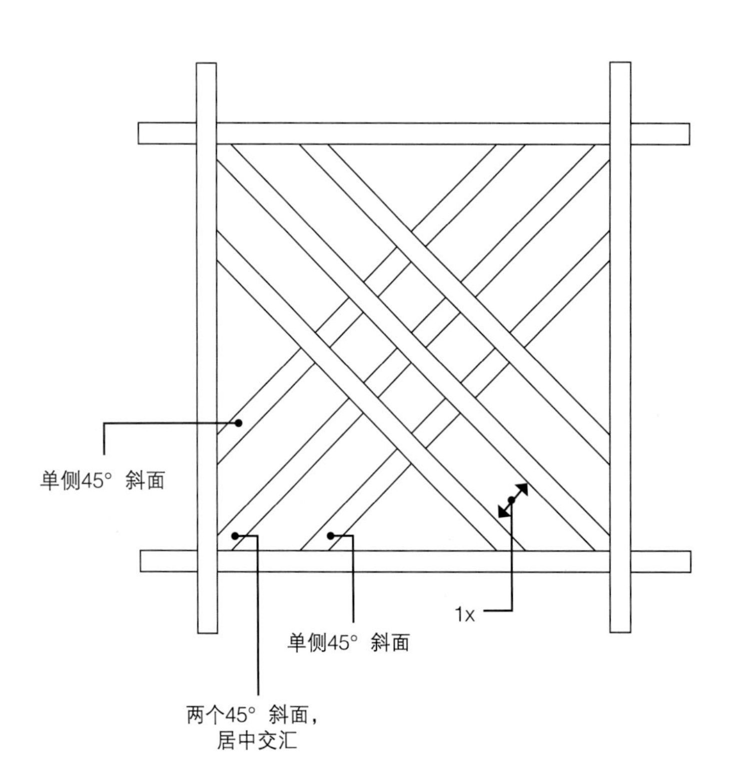

图案部件

填充木条（6）

斜面引导夹具

45°（需要两个引导斜面）

锯切木条

组成这个图案的木条都带有3个插口，并具有两种不同的长度。我发现，先按照长木条的尺寸制作所有木条，再把它们修剪到需要的长度会更容易。后续的处理会多花些时间，但节省了用台锯锯切的时间。

1. 量取木条的长度。这里不需要测量得非常准确，有大致长度就可以了。稍后在将填充木条修剪至所需长度时会用到这个测量值。

2. 锯切中间插口。选择一块长木块。在指接榫夹具和辅助夹具之间固定一个“空白”夹具。它的插口可以套在靠山的夹具销上，但它没有自己的夹具销。中间插口的确切位置并不重要，只要它们之间的距离足够远就行。多远足够呢？以刚测量的结果为基础增加1 in（25.4 mm）即可。

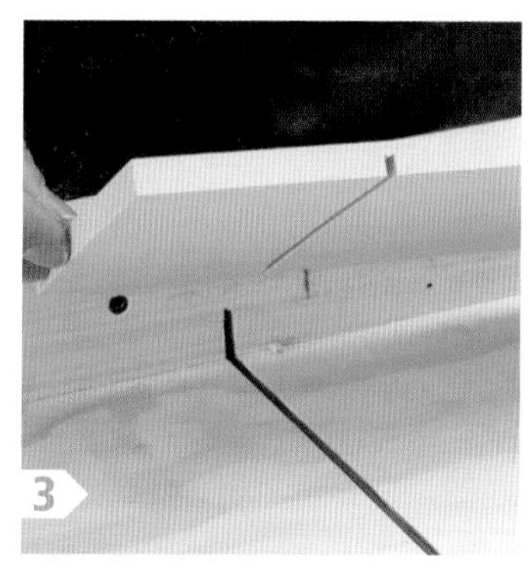

3. 拿掉“空白”夹具，使用滑板的指接榫夹具锯切插口。将一个中间插口套在夹具销上，在其一侧锯切出一个插口。

4. 继续在该中间插口的另一侧锯切一个插口。端对端旋转木板，将第一个插口套回夹具销，锯切出第三个插口。第一个插口现在被两个新切的插口夹在中间。

5.重复这个过程。围绕木板上剩余的中间插口，在其两侧分别锯切出一个插口。

6.添加辅助夹具。在指接榫夹具和辅助夹具之间还要固定“空白”夹具。它的插口可以套在靠山的夹具销上，但它自己没有夹具销。这样的设计便于左右滑动辅助夹具，从而将夹具销精准定位在所需位置：比最初在框架上测量出的木条长度的一半略大。

7.将辅助夹具固定到滑板上。用一根足够长的螺丝穿过辅助夹具和“空白”夹具，将它们固定在滑板上。这里无法使用木工夹，只能用螺丝。

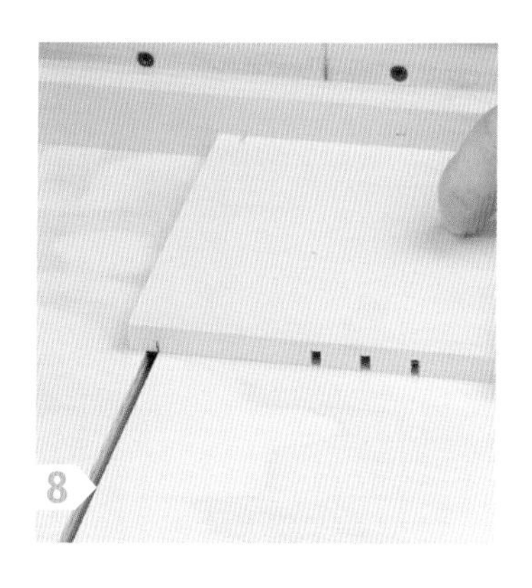

8.修剪木板的一端。将中间插口套在辅助夹具的夹具销上，锯切木板的自由端。

9.切下木块。端对端旋转木板，将中间插口套回夹具销上，锯切木板，得到第一个木块。现在，第一个木块已被锯切到木条的长度，其插口居中分布。

10.纵切木条。把填充木条锯切得与框架木条的厚度一样。再次说明，和之前一样，使用自制的双层推料板压住木板完成进料。

安装对角线木条

这里的窍门是，保持插口位于对角线木条的中间，将木条修剪到合适的长度。如果没有这么做，那么填充木条就无法组合出图案，也无法正常插入框架中。使用两个45° 斜面引导夹具可以让对角线木条的制作过程变得容易一些。有点乱是吧？慢慢来，积极思考，小心行动。你会成功的。

11.设置限位块。对角线木条的末端应该放在引导斜面与凹槽的交汇处。用限位块抵紧对角线木条的另一端，然后拧紧螺丝。

12.重复这个过程。参考第一个夹具设置第二个夹具，然后在夹具凹槽的底部标记中间插口的位置。

13.锯切木条的一端。总共有两个斜面，每侧一个，它们在木条厚度的中心交汇。

14.将木条移至第二个夹具。将切好斜面的一端抵靠限位块，使中间插口与凹槽底部的标记对齐。

15.固定限位块。向上滑动限位块抵靠已切好斜面的一端，将木条固定到位。

11

12

13

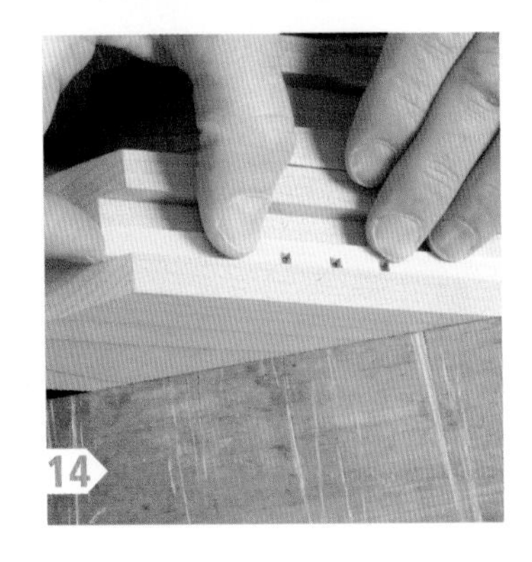
14

15

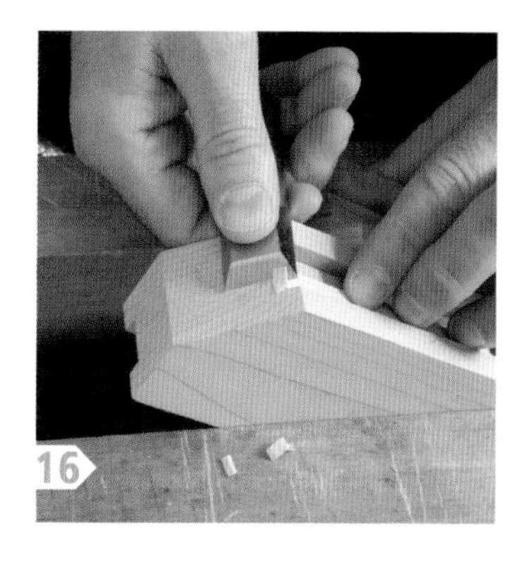

16. **在木条的另一端锯切斜面**。同样是两个45° 斜面在厚度中心交汇。

17. **测试匹配程度**。将对角线木条放入正方形中。如果木条过长，需要从两端修剪木条。

18. **这里是修短对角线木条的步骤**。在用初始设置完成所有对角线木条的制作后，重新设置其中一个限位块，使木条的一端稍稍越过引导斜面。标记中间插口的位置。修剪木条末端（见小图）。

19. **端对端翻转木条**。将木条的中间插口与标记对齐并调整限位块，修剪木条的另一端。再次测试匹配程度，如有必要重复此步骤，直至对角线木条完美插入正方形。

完成图案

这些适用于对角线两侧的木条每端只有一个斜面，其插口同样必须保持在长度的中心。不过，它们的制作过程与对角线木条不同，只要其中一端能贴合所有框架木条，那么其另一端就也能贴合框架木条。

20.将侧木条放置到位。把两根相交的对角线木条部分插入框架中，然后把第三根木条插在其中一个侧插口中，直至木条搭在框架上。

21.标记侧木条的长度。翻转框架，使其压在侧木条上，用铅笔在侧木条两端做标记。抽出侧木条，你会看到其一端的45° 斜线。

22.锁定限位块。将侧木条上的铅笔线与45° 引导斜面对齐，然后滑动限位块顶紧侧木条另一端。拧紧螺丝。

23.标记插口的位置。哪个插口并不重要，但我用的是在前面的那个。当重新定位侧木条来切割其另一端的时候，这个标记就很重要了。

24.粗切出斜面。有很多木料需要去除，使用导突锯可以干净利落地完成操作。

25.将侧木条修剪到所需长度。用侧木条的方正末端抵靠限位块，在侧木条的一端切削出45° 斜面。

26.检查匹配程度。将侧木条的中间插口插在一根对角线木条的外侧插口中。确保它们彼此垂直。如果侧木条偏长，调整限位块并再次尝试；如果侧木条太短，则只能重新制作。

27. 为另一端调整限位块。将靠外的插口与凹槽中的标记对齐，然后移动限位块抵靠斜面端。这里要小心，因为斜面的尖端很容易切入限位块下面。可以把螺丝适当拧松一点，拧得过紧的话限位块末端反而可能被抬起。

28. 切削斜面。先将大部分废木料锯掉，然后将侧木条末端修剪至45° 。检查匹配程度并根据需求调整挡块。

29. 把侧木条插入到位。将侧木条插入任何正方形中测试。如果两端都不匹配的话，将侧木条插入另外的正方形中测试，或者旋转后放在其他插口中测试。总会有匹配的位置的。

30. 制作一个插入一个。我发现，一次处理一根侧木条是最简单的。把侧木条在框架中插入到位，然后再制作并插入下一个。如果某个位置的侧木条太短的话，这个位置可以暂时空着。

27

28

29

30

31. 停下来检查一下。在制作侧木条的时候为每一根木条找好要放的位置，应该能够完成大部分图案的填充。当所有位置都用侧木条试过之后，剩余空位都是需要稍长侧木条的位置，这些侧木条需要将限位块向外调整后重新制作。

32. 继续做下去。每次调整限位块之后，需要将新的侧木条在每个空位试一试。直到所有空位都插入侧木条。

33. 完成图案拼接。由于图案形状简单，所以拼接不会花太长的时间。但是框架木条的厚度可能会略有不同，这就需要木条的一侧比另一侧稍长。

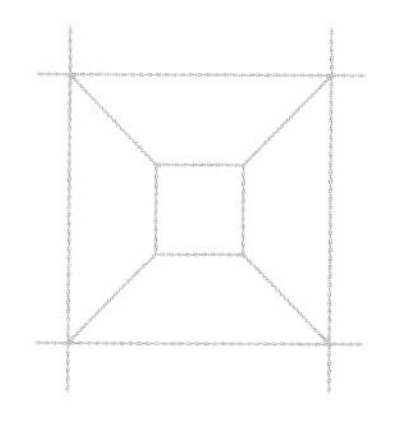

第 8 章

斜接正方形图案

这种图案的简约设计很有现代感，并且很好地诠释了鸟嘴形接合在组子图案中的运用。图案中，正方形每个斜接形成的直角都被锁定木条末端切出的鸟嘴形切口捕获。这个图案还很好地诠释了简单性和复杂性之间的辩证关系。这个图案很简单，一个小正方形被4根锁定木条固定到位，但是制作用于固定正方形的切口却非常具有挑战性。可以理解为，最简单的事情最难做好。

框架图

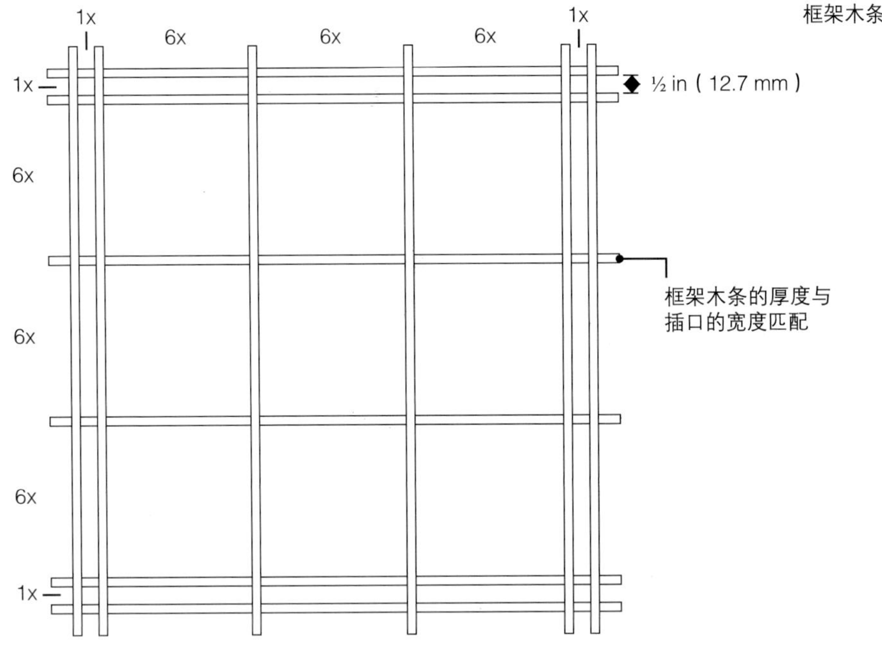

框架部件

框架木条（12）

图样

锁定木条

斜接木条

图案部件

斜接木条（4）
锁定木条（4）

斜面引导夹具

45°
90° 鸟嘴夹具

制作斜接正方形

在制作组子图案时，我会尽量避免使用胶水。我喜欢那些能够拼接在一起并互相固定到位的木条，但在这里，有一个地方是不能不使用胶水的。在用斜接木条拼接正方形时，不使用胶水的话难度会很大。因此，要像粘小盒子一样把斜接木条粘起来，组成正方形。

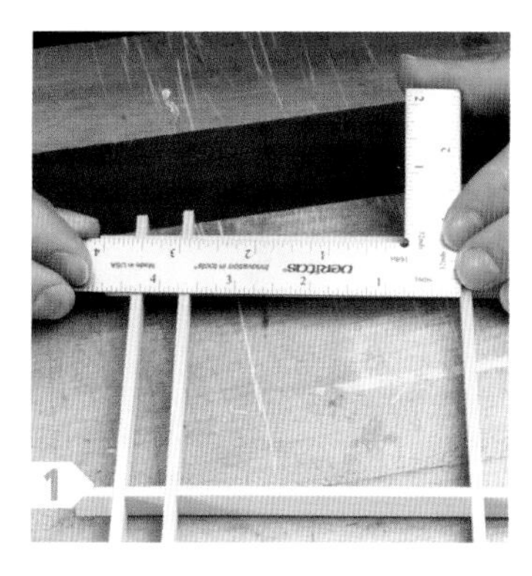

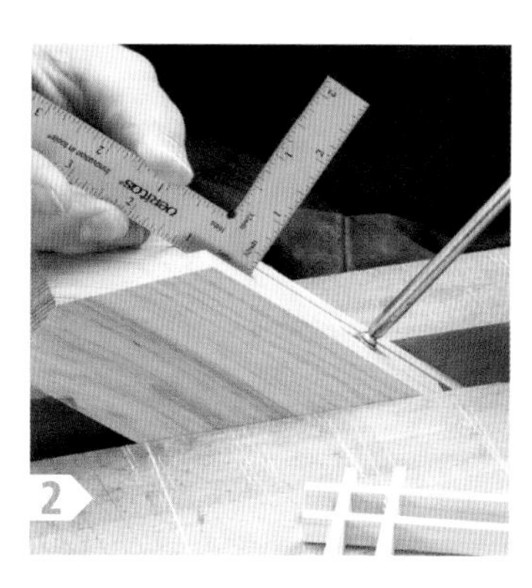

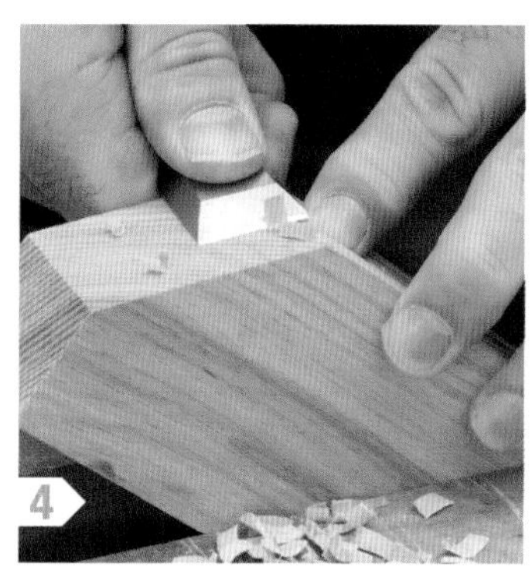

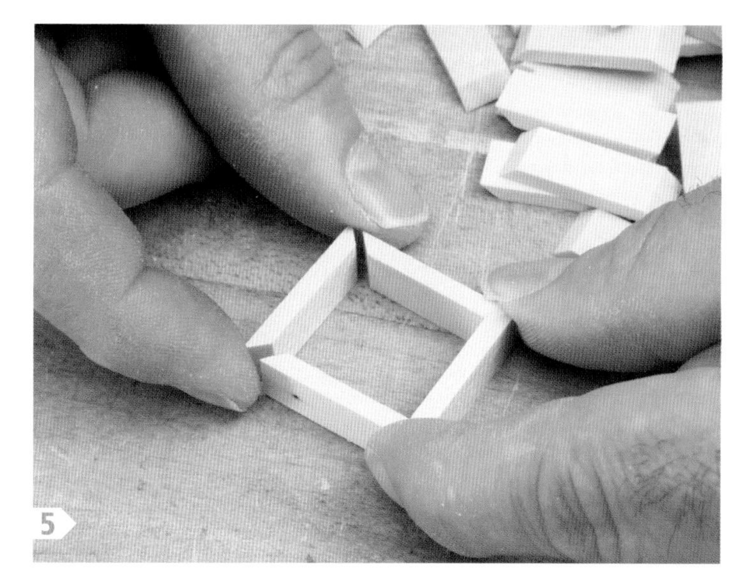

1. 计算出斜接正方形的大小。 斜接正方形的边长应该是其所在正方形框架边长的1/3左右。测量正方形框架的边长然后除以3，再把得数的小数部分四舍五入。

2. 设置夹具限位块。 现在已经知道斜接正方形的边长了，可以用尺子定位限位块，并将其锁定。

3. 粗切出斜接木条。 考虑到木条可能锯切得不够方正，木条的粗切长度应比其最终长度长约1/16 in（1.6 mm）。

4. 斜切木条两端。 使用45°斜面引导夹具，通过数次切削去除废木料。然后将凿子背面牢牢压在引导斜面上完成最后的切削。请记住，斜接木条的两端都只有一个斜面，而且斜面的朝向相同。

5. 测试一下。 将4根斜接木条拼在一起以了解斜接正方形的大小，并检查这个正方形是否方正。

6. 将斜接木条放在胶带上。稍微抬高斜接木条的一侧，将其斜面紧紧地压在与其匹配的斜面上。放低木条，使其外表面贴靠胶带，并用力向下压。4根斜接木条都到位后切除多余的胶带。

7. 在斜面上涂抹一点胶水。不需要很多，因为你的目的是完成正方形的斜接，以便更容易地安装锁定木条，把图案组装好。之后，鸟嘴形切口会把斜接的直角紧紧固定。

8. 组装斜接正方形。在最后拉紧斜面斜接时，会有一些阻力。拉紧胶带并向下按压，用手指在胶带表面摩擦几次，以确保胶带不会滑落或脱落。

9. 制作多个斜接正方形。最好静置20~30分钟，待胶水凝固，再撕下胶带。撕下胶带后，就可以处理这些正方形并进行图案拼接了。

锁定木条将斜接正方形锁定到位

这些锁定木条的一端必须插入90° 直角。因此，要使用45° 斜面引导夹具在锁定木条的一端切削两个45° 斜面。锁定木条的另一端要包住90° 直角，因此45° 斜面不能朝外，应该朝内。两个斜面组成的切口看起来就像一个张开的鸟嘴。这就是鸟嘴接合这个名字的由来。

从鸟嘴形切口开始

制作这种接头很有挑战性，因为嘴尖部分很精细，它们会在锁定木条厚度的中间线交汇。你需要放慢速度，小心操作，以免切过中间线切入另一侧。

10. 获取锁定木条的起始长度。将斜接正方形放入正方形框架的中间。准确的目测会提供有力的帮助。测量从斜接正方形的直角到对应框架直角的距离。安全起见，在测量值的基础上加上$\frac{1}{16}$ in（1.6 mm）。

11. 将1根锁定木条放入夹具中。固定木条的直角末端，使其与引导斜面和夹具顶面的交汇处对齐（见第94页）。

12. 准备限位块。将一条双面胶带粘在一小段组子木条上。将胶带另一面的保护皮剥下。

13. 将限位块木条粘到夹具上。将限位块抵靠在锁定木条的后端，并下压限位块，但不要太过用力。需要留有一定的余地，以调整限位块与锁定木条保持垂直关系。

14. 检查垂直关系。参考夹具的内置靠山。当限位块与靠山成直角时，用力下压限位块。

15. **把锁定木条放在夹具上。**至少可以放置4根锁定木条，我放的锁定木条比较多，以加快操作进程。

16. **添加上半块夹具。**将上半块夹具的插口套在下半块夹具的定位销上，此时的夹具就像一个木工夹，可以保证在切割鸟嘴时锁定木条不会松动。

17. **切割第一面。**不能一次切到厚度中心，应该依托夹具用较小的压力、以较小的进刀量分几次来回切削两个面。

18. 切削第二面。重复在第一面的切削操作，分几次换面切削，直至两个斜面在厚度中心相遇。

19. 张开的鸟嘴。如果切削得恰到好处，切口看起来就像一个张开的鸟嘴，两个斜面会在木条厚度的中心交汇。

90°鸟嘴夹具

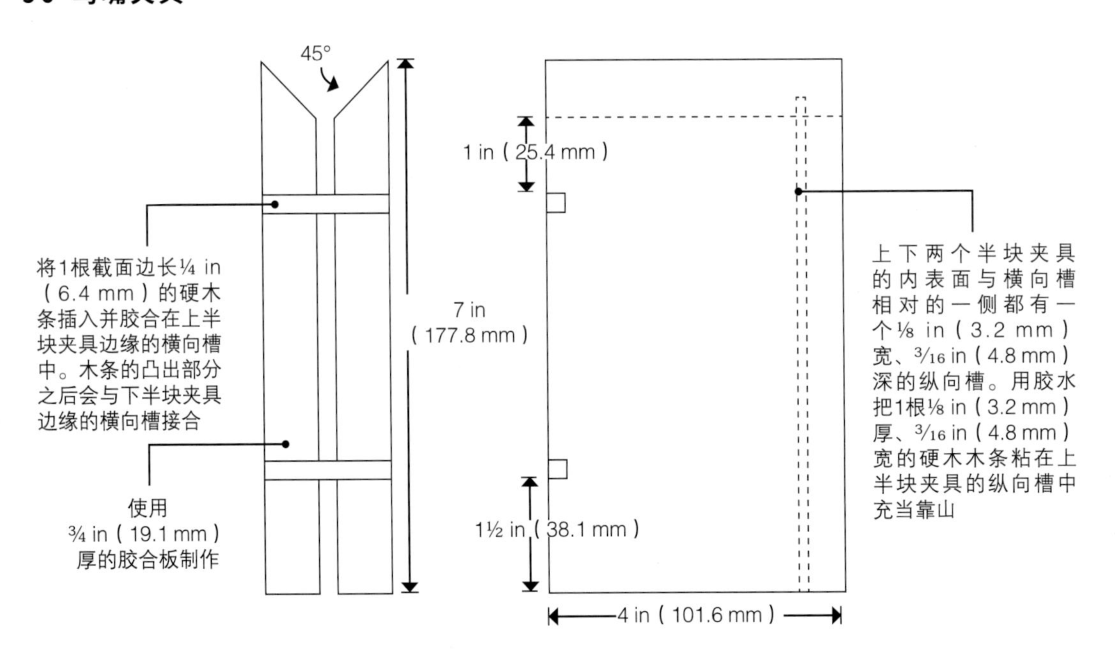

修剪锁定木条的另一端

放轻松。最难的部分已经结束了。逐步调整限位块，直到将较长的锁定木条切削到正确的长度。不过，在将锁定木条抵靠限位块时一定要小心，以免损坏鸟嘴的前缘。

20.设置斜面引导夹具。两个45° 斜面会在厚度中心相遇，并在之后贴合正方形框架的90°转角。

21.一次胶合4根木条。斜接正方形必须定位在框架的中心区域，因此必须一次胶合4根锁定木条。如果斜接正方形没有居中，那么锁定木条就无法彼此对齐，组子的视觉效果就会大打折扣。

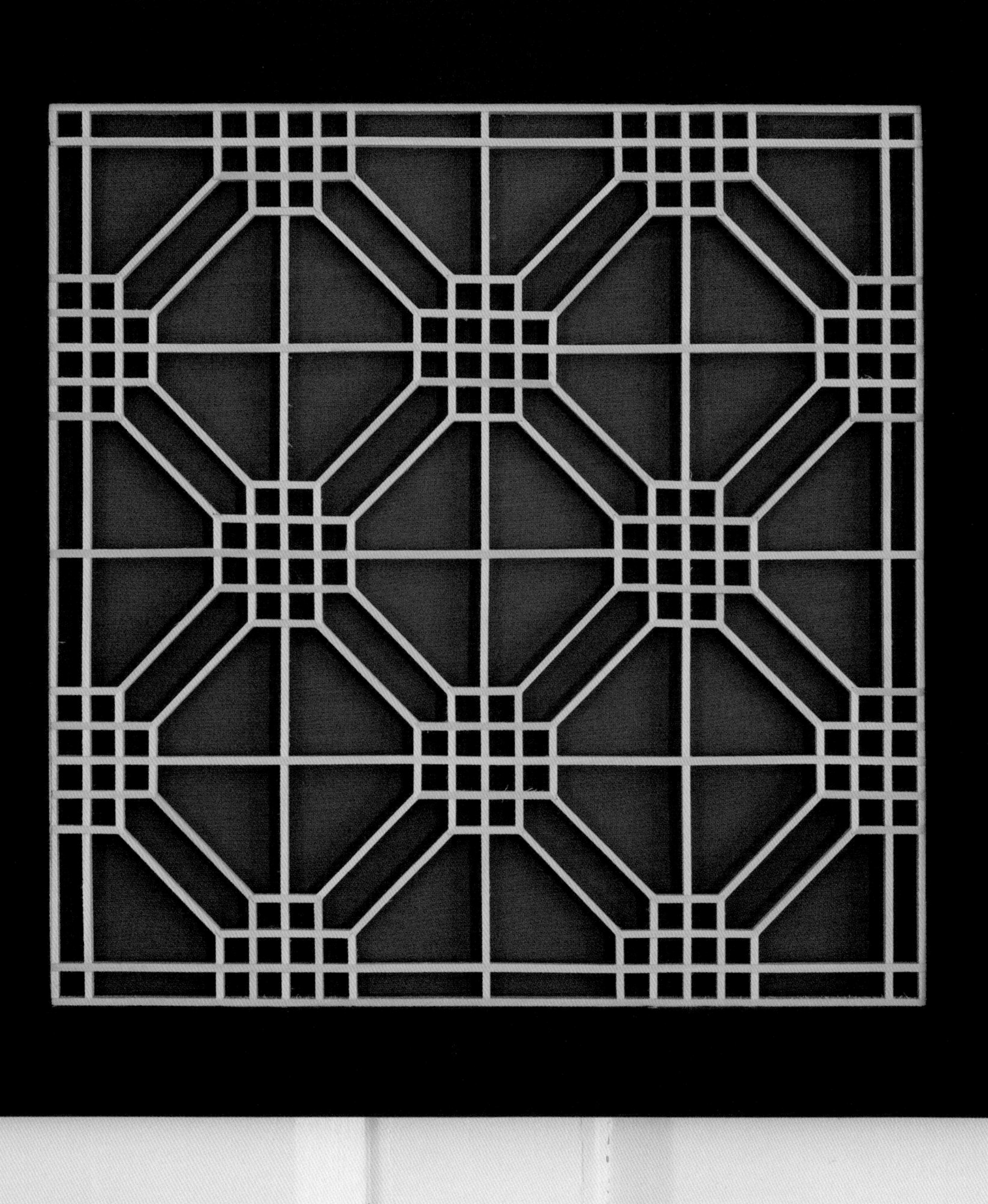

Canon

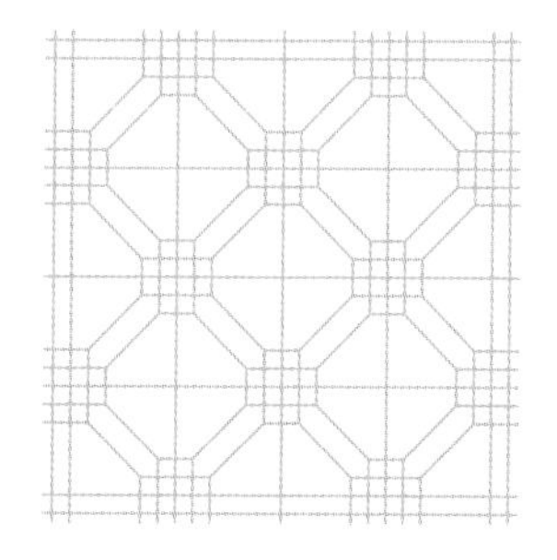

第 9 章

双八边形图案

这个图案的线条与留白之间有很好的平衡。重叠的矩形包含一系列的正方形，给人一种密集感；木条则赋予了留白空间一定的形状。这让我想起了俯视视角下的一些农舍，石墙从一处农舍延伸到另一处，将农田围住。在制作这个组子图案的时候，要牢记两点：一是框架木条的厚度必须合适，否则框架容易翘曲；二是对角木条的接合要足够紧，才能保持矩形的转角完全闭合，同时不能过紧，否则会使面板变形。

框架图

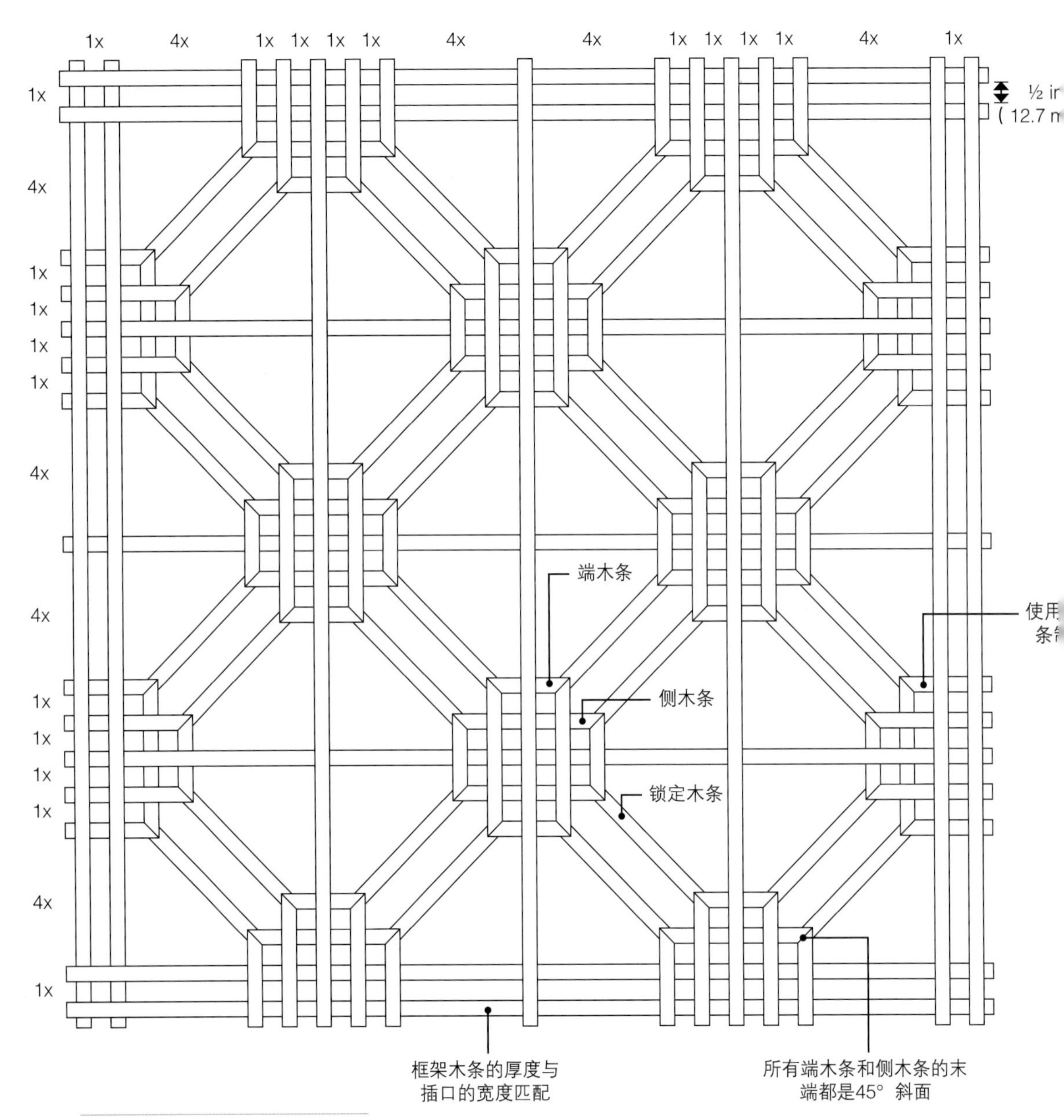

框架部件

框架木条（14）

图案部件

端木条（24）
侧木条（48）
锁定木条（32）

斜面引导夹具

45°
90° 鸟嘴形夹具

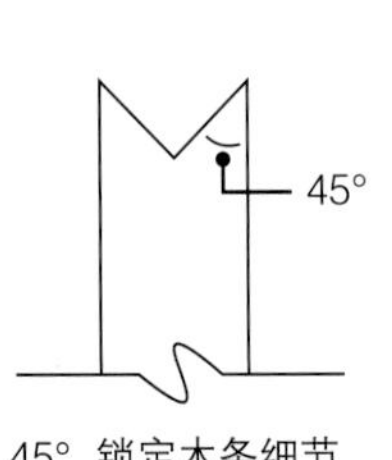

45° 锁定木条细节
（俯视图）

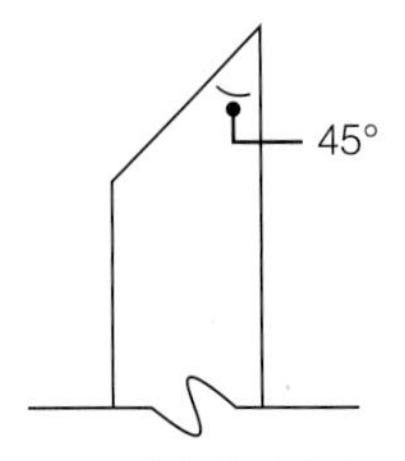

45° 端木条和侧木条
细节（俯视图）

锯切矩形木条

这里我会详细讲解制作过程。端木条中间有一个插口，并且其两端都有45° 斜面。可以想象中间插口的旁边存在第二个插口，而木条斜面的外缘刚好与这个虚拟插口的外侧对齐。因此，切出的木条的一端应刚好越过虚拟插口的外侧。

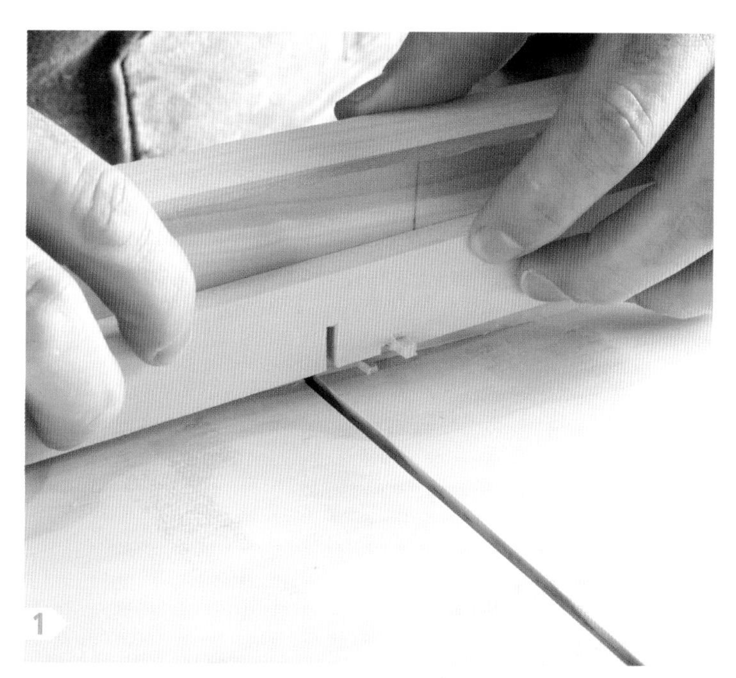

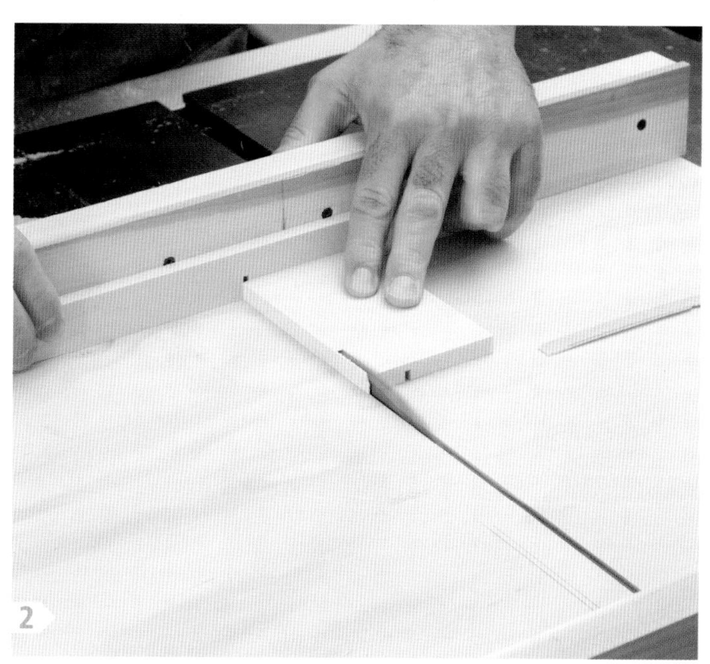

1. **用夹具设置距离**。请注意，夹具销刚好位于靠山定位销的右边。这意味着，锯切的锯缝会刚刚越过一个插口的外侧，从而留出足够的长度用于末端的斜切。用木板边缘抵靠夹具销，锯切出第一个插口。

2. **切割两端**。拿掉夹具，将第一个插口套在靠山的定位销上，锯切出第二个插口。将第二个插口套在定位销上，再次锯切。这次要切断木料，得到一个木块，经过纵切后，就可以得到多个端木条。

斜切端木条

可以在过渡木条的帮助下快速完成。过渡木条的中间有一个插口，它的一侧是另一个插口。中间插口与另一侧的距离与用来制作矩形的端木条上中间插口到斜面外缘的距离相同。接下来，我会介绍如何设置两个 45º 夹具的方法。然后，切割斜面会变得很容易。

3. 用第二个插口设置限位块。 将插口的外侧与凹槽和引导斜面的交汇处对齐。将限位块抵靠木条的另一端并锁定。

4. 去除废木料得到过渡木条。 这次锯切不必很完美，但要确保留出了足够的木料用于后续的切削。

5. 将过渡木条放回夹具中。 斜切锯切端，得到第一个斜面。

6. **设置第二个夹具**。使木条的平直端底部边缘刚好接触引导斜面，并使限位块抵靠斜面端。不要把限位块拧得太紧，否则限位块会翘起，木条的斜切末端会从其下方楔入。

7. **斜切平直端**。如果木条过长，将限位块向外拉出一点，拧紧。再次修剪木条。现在制作第二根端木条，只用第一个夹具斜切其两端，然后比较两根端木条的匹配程度。将它们背靠背放置，并穿过它们的插口插入一根木条。两个斜面的外缘应该是对齐的。

制作侧木条

与制作端木条的过程完全相同，只是制作设置木条花费的时间更长一点。花点时间来准确地设置夹具，处理后的木条就能完美地拼接在一起，不需要任何修整。再次强调，这一切都是因为插口之间的距离都是相同的，这就是指接榫夹具的功劳。

8. 用插口来设置第一个夹具。这根木条有一个额外的插口，并且这个插口的外缘与斜面的外缘精确对齐。因此，可以利用这个边缘将夹具的限位块设置到位。

9. 设置第二个夹具。在完成木条一端的斜切后，端对端旋转木条，斜面端抵靠限位块，同时向外稍稍移动限位块，直至木条的平直端刚好接触引导斜面。

10. 斜切木条末端。在两个夹具都设置到位后，继续斜切，得到所有的侧木条。

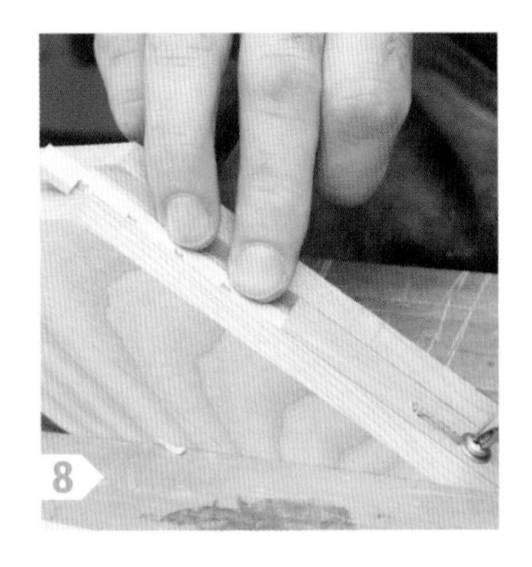
8

9

10

将矩形拼接在一起

理论上来说，把木条放置到位后，斜面的斜接会很紧密。但实际情况可能不是这样。非常小的缝隙不是问题，因为组成矩形的其他木条会把它们拉紧。但如果木条太短，那就只能重新制作了。

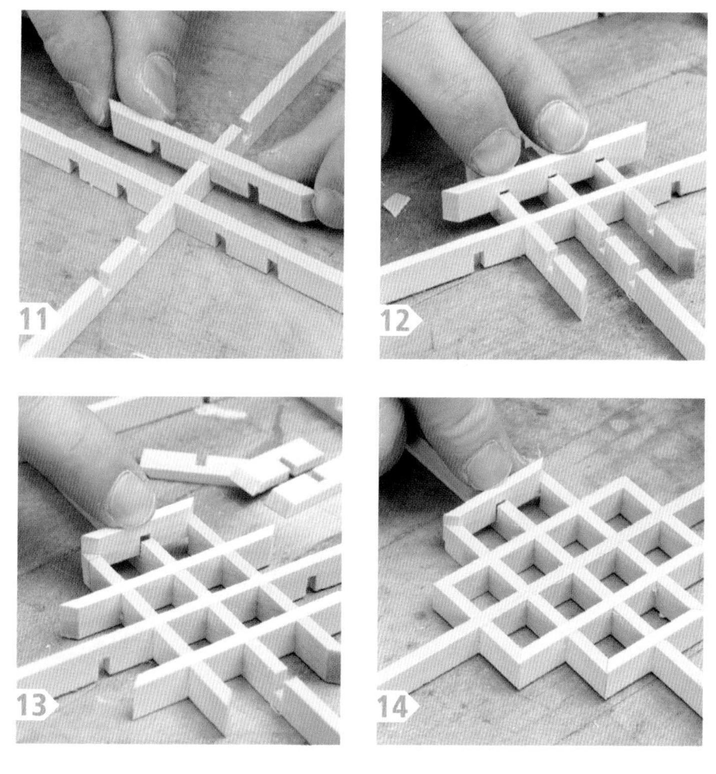

11. 从侧木条开始组装。由于侧木条上有多个插口，所以只要木条安装到位，它们会自行对齐并保持方正。先插入两根平行的侧木条。

12. 添加与平行侧木条垂直的侧木条。将木条直接插入插口，下压木条，注意保持木条在3个插口处同步下行，这样不会折断木条。

13. 检查端木条。理想情况下，端木条应顺势滑入，且斜接足够紧密。如果端木条太长或者稍短，需要弄清楚这个木条是用第一个还是第二个夹具制作的，然后调整这个夹具。

14. 完成图案拼接。我会使用相同的夹具设置来完成所有端木条的斜切。如果在某个位置木条匹配有问题，我会尝试斜切尽量多的木条，之后再调节夹具。

15. 在外围使用相同的木条。外围的接合点需要涂抹胶水。待胶水凝固后，可以把多余部分整体切除，也可以将所有的截距角切割到相同的长度。

用鸟嘴锁定矩形

这次，木条的两端都是鸟嘴形切口。总体的制作过程与之前是相同的，只是需要调整锁定木条的长度。不要移动夹具限位块，而应使用蓝色的木工管道胶带。

16.先制作较长的木条。将一根木条的两端分别放在需要连接的一组转角上。在木条末端标记出1⁄32 in（0.8 mm）的余量。

17.切割切口。使用与制作斜接正方形图案时相同的技术和鸟嘴夹具（见第93~94页）。

18.使用蓝色的木工管道胶带做垫片。木条不应过长。调整木条长度最安全的方法是，每次在限位块上加一条蓝色的木工管道胶带，然后重新切削锁定木条的一端，切削后需再次测试匹配程度。

16

17

18

19. 将锁定木条放到夹具上。 夹具调整好之后，制作出的锁定木条应该很适合，不会使框架或矩形变形。制作出剩余的锁定木条。每次尽量多锯切一些木条，以保证所用木条前后一致。

20. 所有的锁定木条长度都是相同的。 不要错误地认为，内侧和外侧的锁定木条的长度是不同的。锁定木条长度相同使这个组子图案的制作难度降低了一些。

在家具中运用组子

我所制作的大多数组子组件都会被悬挂在墙上作为装饰艺术品，但有时候，我也会把组子与盒子或者家具融合在一起。最初，我是先制作盒子，然后再制作组子，并将其安装到盒子上。这种做法是不正确的，因为为了匹配盒子的开口，经常需要刨削组子的外围框架。出于下列原因，这是不可取的：第一，框架的强度会因此被破坏；第二，最终得到的组子外围框架木条会比内侧框架木条以及填充木条更薄，使整个组子组件看起来不平衡；第三，刨削组子的外围框架是颇有难度的。因此，我现在都是先制作组子组件，再围绕组子制作盒子。这并没有听起来那么困难。

标记，不要测量

我是在为装饰面板制作边框的过程中学到的这个技巧，其实我本应该凭借多年的家具制作经验早一点体会到的。相比标记，测量带来的误差要多得多。因此，在制作带有组子装饰的盒子或家具时，我会先制作组子组件，切掉截距角后，再通过组子组件来确定盒子侧边、门框冒头的长度。具体怎么做取决于使用的细木工技术。举例来说，为了在一件斜接盒子的盖子上使用组子组件，我斜切了盖子一条侧边的一端，将组子组件放入，并使其与斜面的顶部对齐，然后标记侧边的另一端。为了确定门框冒头的长度，我会在冒头的一端切出一个榫头，将组子与榫肩对齐，然后标记冒头的另一端。我觉得我在这里找到了一种模式：在部件的一端制作接头，在其另一端进行标记。

围绕组子进行构建

这是基于标记，而不是测量进行的。最好的例子就是我自己制作的一件茶柜。这件

▲ 马特·肯尼(Matt Kenny)制作的茶柜

茶柜的底座上装饰了组子。首次制作这件茶柜的时候，我先做好了底座，然后才制作组子组件并将它嵌入底座中。这个过程非常让人沮丧，而且很困难。从那以后，每次制作茶柜时，我都会先制作组子组件，再制作底座。这样就顺利多了。制作门的时候也一样，可以直接通过组子组件确定冒头的长度，并帮助定位冒头榫头对应的榫眼的位置。

▲ 迈克·佩科维奇制作的高脚柜

▲ 迈克·佩科维奇制作的音响柜

外围框架木条应更厚

对于带有大面板的家具，将4根外围框架木条做得比其他木条更厚一点会比较好。这样整个面板会更牢固，也增加了视觉分量，你的目光也不会从宽大的门框部件突然跳到纤细的组子部件上。换句话说，外围框架充当了过渡物。另一种选择是保持组子的内外部件厚度相同，为组子组件制作一个厚一点的边框进行过渡。

不要追求大尺寸

这里有一些建议，相比可靠的设计原则，这更像是个人偏好。我认为，随着家具的尺寸的增加，组子的尺寸不应该随之增加。当然，可以制作更大的组子组件，但内部的填充图案仍应保持较小的尺寸。至少在我看来，在一个大面板上重复出现多个较小的填充图案比在一个大面板上只有少数几个较大图案看起来好多了。并且，组子木条不宜过厚。即使是在全尺寸的家具中，1/8 in（3.2 mm）厚的组子木条看起来并不单薄。如果确实需要增加木条的厚度，也不要超过¼ in（6.4 mm）。就我个人而言，我制作的组子木条的厚度不会超过3/16 in（4.8 mm）。当然，肯定有高人能够用很厚的木条和很大的填充图案制作出非常优秀的组子作品。

▲ 马特·肯尼制作的墙柜

▲约翰·里德·福克斯制作的唐纳（Donna）储物柜

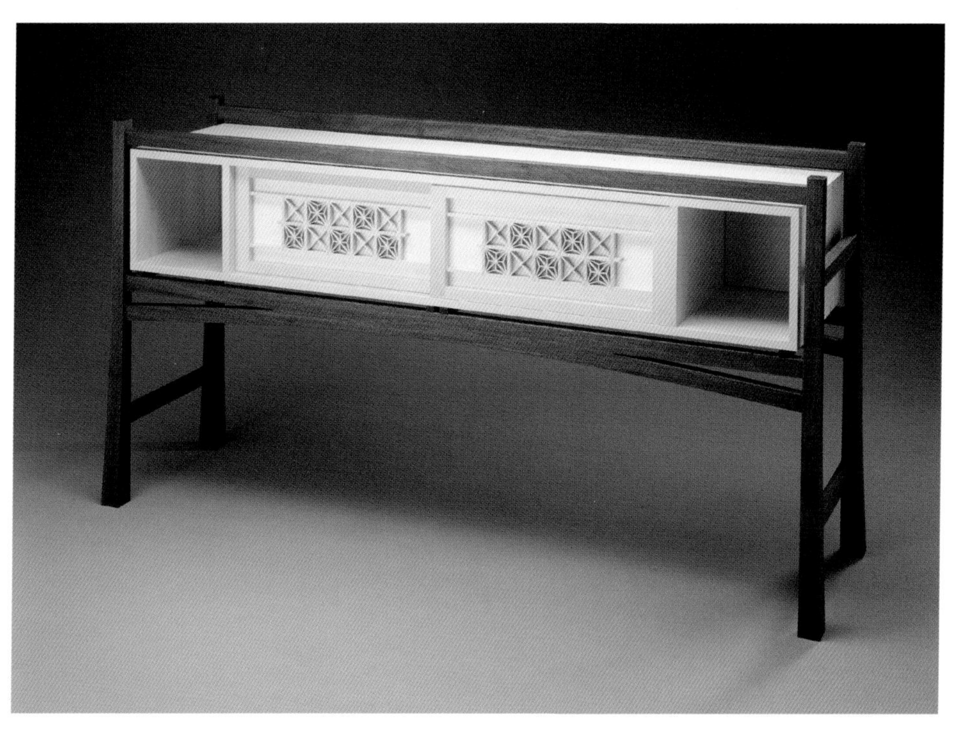

▲约翰·里德·福克斯制作的卢德斯（Lueders）储物柜

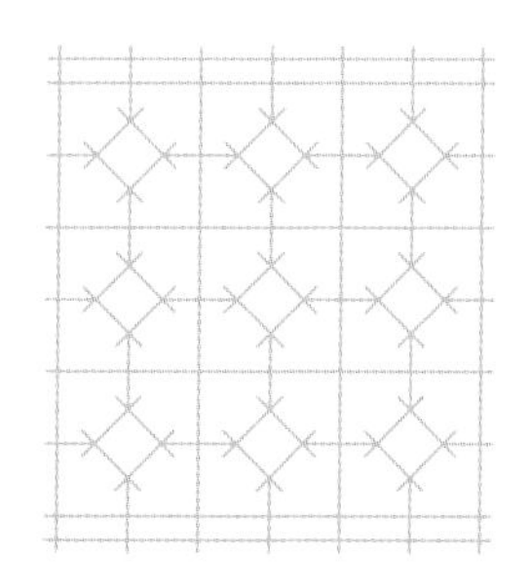

第10章

万花筒图案

这是一个蛮有趣的图案。当你注视它的时候，会看到八边形，但稍微改变视角，就会看到正方形，它们旋转了45°，看起来就像悬挂在框架中的钻石。这种方向感的变化，让我想起了在万花筒中看到的翻滚式变化。制作过程中最难的部分，是给固定钻石正方形的木条切削斜面，因为它们的中间需要锯切插口，以与框架木条拼接。为了将钻石正方形悬挂在图案中央，4根锁定木条的插口必须居中。

框架图

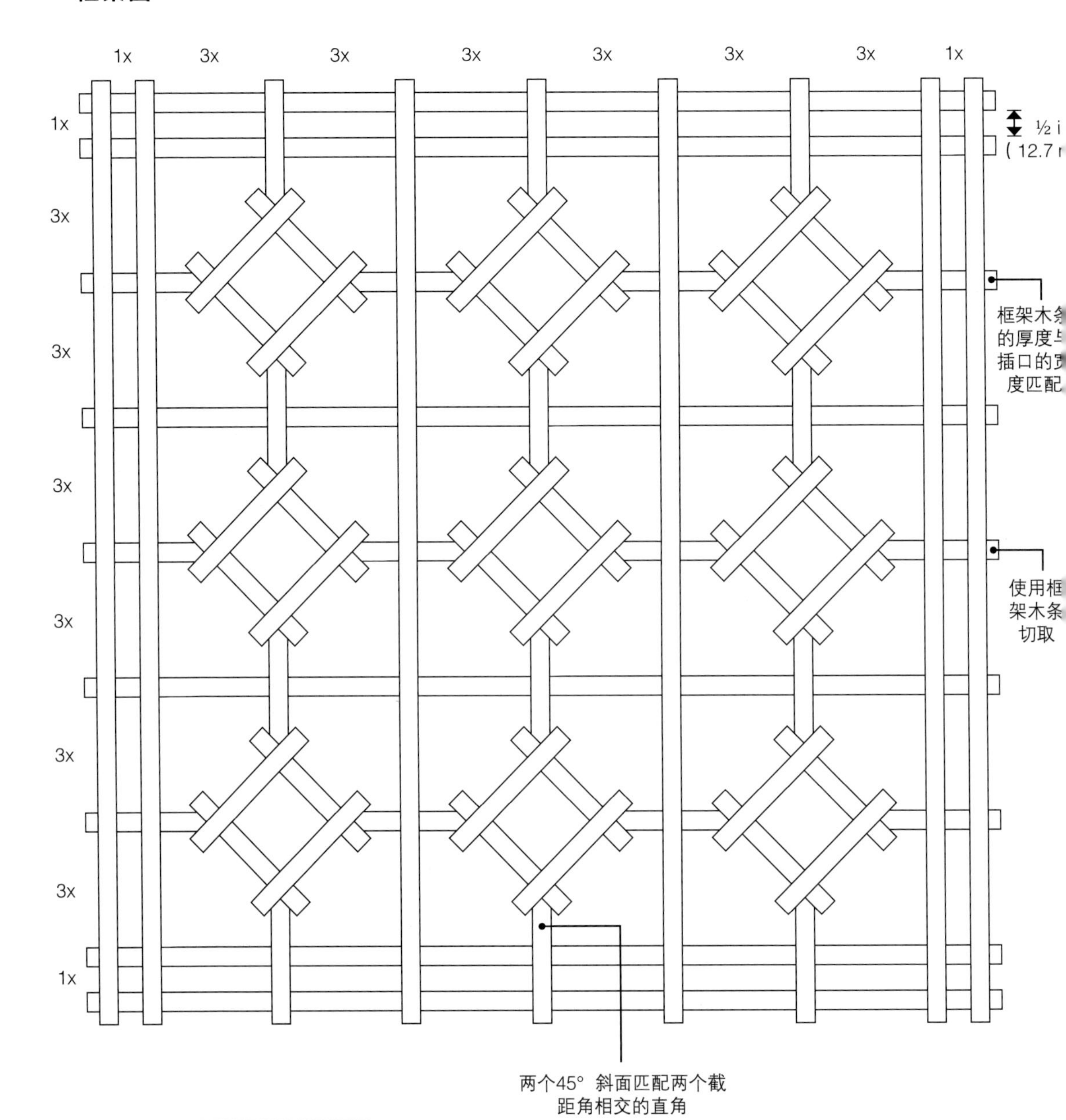

框架部件

框架木条（12）

图案部件

边长木条（36）
锁定木条（24）

斜面引导夹具

45°

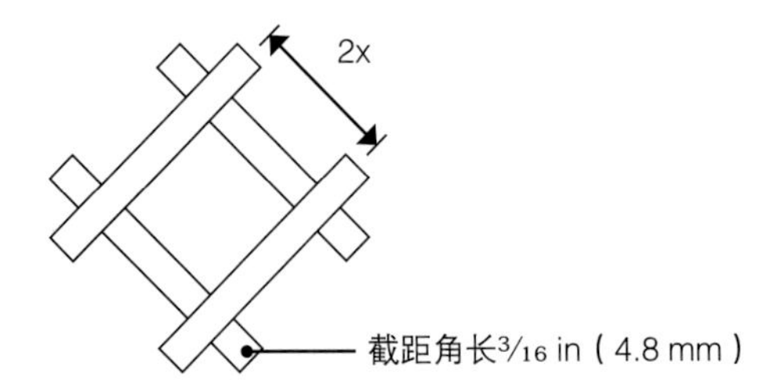

制作钻石正方形

这里的钻石正方形与井字图案（见第38页）的井字很相似，而且制作方式相同。不过，正方形更大一些，因为它们对应的框架正方形也更大。

1.相邻插口的间距为2单位间距。框架正方形的边长跨度为6单位间距。2单位间距的钻石正方形周围有足够的留白空间来平衡整个图案。

2.锯切多个插口。请记住，成对插口之间的距离应该大于截距角长度的两倍。

3.设置截距角的长度。用胶带将一个指接榫夹具粘在标准的横切滑板上，并将夹具销设定在距离锯片3/16 in（4.8 mm）处。

4.修剪木板端面。升高锯片，使其比木板厚度高出约1/16 in（1.6 mm）。将第一个插口套在夹具销上，锯切掉木板的多余部分。

5.锯切出所需木块。将木板旋转180° 再次锯切。修剪木块的另一端，得到所需的木条长度，并从木板上依次锯切出所需木块。

6.无需胶水，组装钻石正方形。截距角暂时不要切除，将木条拼接成正方形即可。

4

5

6

制作锁定木条

这里会遇到一些挑战。对每根木条来说，插口到木条两端边缘的距离都是相同的。为此，最简单的方法是将一个钻石正方形摆放在一个框架正方形中间，然后在相邻的框架正方形中居中摆放另一个钻石正方形。

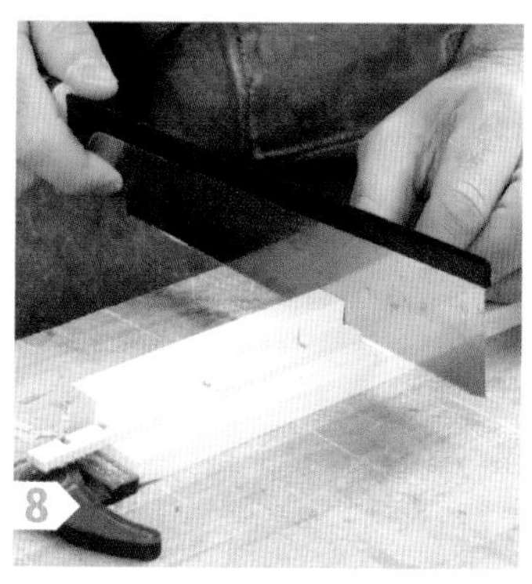

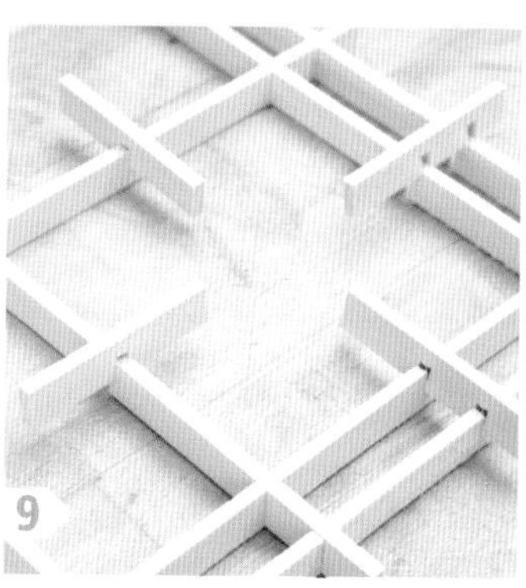

7. **标记框架木条。** 将一根框架木条放在组装好的框架上，并使相应的木条插口正对框架木条。将钻石正方形居中定位后（目测定位即可），用尖锐的铅笔在框架木条上稍越过准确尺寸的位置做标记。

8. **将木条锯切至标记长度。** 分批锯切，并锯切准确，在这里非常重要。这样在锯切斜面时，插口的两侧都可以抵靠在夹具的限位块上。

9. **每次锯切4根锁定木条。** 如果钻石正方形与锁定木条能够无缝贴合，则表明插口到木条两端斜面边缘的距离是正确的。

10.斜切一端。需要制作两个45° 斜面。现在先不用考虑另一端。

11.测试两根木条。如果可以将钻石正方形夹在两根锁定木条之间，那么你的制作精度就相当高了。

12.加入第三根和第四根锁定木条。第二对锁定木条应该不用太大力量就可以插入，但仍然需要用一点力将其牢牢卡入由钻石正方形的截距角组成的转角中。

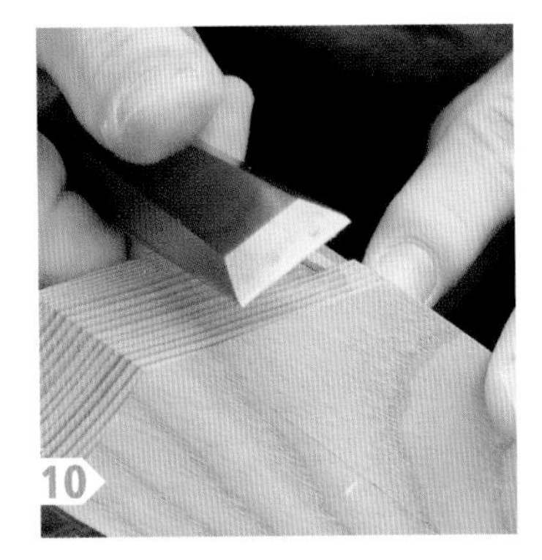

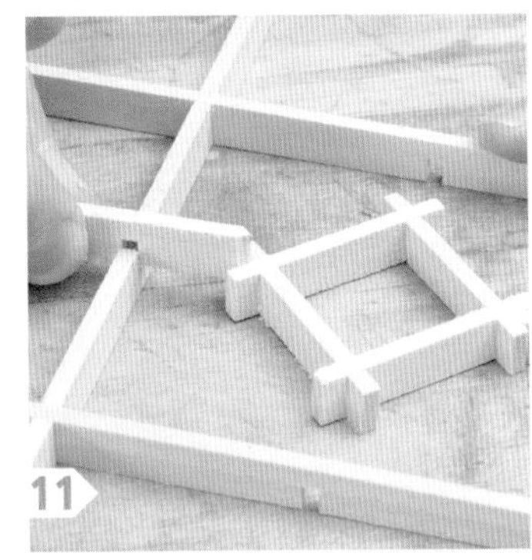

13. 确认第二个钻石正方形的匹配程度。与制作广场舞图案（见第80~81页）的对角线木条一样，设置第二个45° 引导斜面。在锁定木条的另一端切削出斜面后，将另一个钻石正方形居中摆放到位。如果这样相邻的两个钻石正方形仍能准确定位的话，说明锁定木条的制作非常成功。

14. 拼接图案。先切削出所有锁定木条的第一端，然后再统一切削第二端。如果拼接过程中遇到任何木条过短的情况，先将木条放在一边，待完成其他部分后，重新制作较长的锁定木条将空缺位置补齐。

设计面板

现在，你应该已经尝试过大多数的图案，熟练掌握了组子的制作技术，你非常期待更进一步，制作自己设计的组子图案，真正体验艺术创造所带来的愉悦和满足感。我知道，冒险进行原创设计有点令人生畏。一开始我也是这样的。因此，这里我会介绍一些我在设计装饰性组子面板时所考虑的事情。你可以把它们作为创作的起点。对了，我要给一些与组子设计制作没有直接关系的建议：玩得开心，不要害怕失败。每个人都会经历失败。成功的人只是不断尝试，直到他们做对为止。

突出一种图案

组子图案都很引人注目，即使是很小的图案。因此，如果一块面板中包含不止一种图案，你必须想办法让其中一种图案居于主导地位。组子的设计应该形成有力的视觉表达，如果所有的图案都处于平等的地位，就无法做到这一点了。有一些方法可以帮助你做到这一点。第一种方法：可以将一种图案定位在中心位置，用第二种图案围绕在其周围拱卫；或者，把第二种图案做得比第一种图案小一点。通过突出其中一种图案，你就可以在一个面板中混合使用两种图案。还有一种方法：使一种图案的出现频率比另一种图案高得多。这会将人们的注意力吸引到出现频率低的那种图案上，从而达到使其突出的目的。

选用互补图案

有些图案放在一起并不协调，比如万花筒图案和双八边形图案。它们看起来就像在争宠，因为它们都包含八边形。而麻叶图案和手牵手图案放在一起的效果就很好，因为后者图案中的水平和竖直线条与麻叶图案中的斜线可以很好地平衡。同样的原因，井字图案和斜接正方形图案一起搭配的效果也很不错。没有关于图案搭配的一般性的指导原则，我在本书的最后提供了10种设计图案（见第133~153页），可以看一下，或许可以从中得到一些图案搭配的启示。思考一下，哪些组合是你喜欢的，并且你为什么喜欢它们，然后自己动手做一些尝试。

布局

4个簇拥在一起的麻叶图案与4个被细窄边框分隔开的麻叶图案看起来非常不同。所以你需要考虑，是应该将相同的图案放在一起还是分隔开。有些图案比如井字图案，制作得很小并一直重复的效果就很不错，因此可以用于装饰性的边框环绕在其他图案周围。手牵手图案同样可以这样使用，就像一条道路在另一种图案形成的“基床”（想象一个花园）上穿插的效果。想象一下，如果将一个大的麻叶图案安排在右边，将8个小的麻叶图案安排在其左边，而不是用小的麻叶图案四面围绕一个大的麻叶图案，组子的视觉效果会变得多么与众不同。图案的布局同样没有标准的答案，但是肯定有一些布局

比其他的好，所以你应该在深思熟虑后再做决定。

对称的力量

麻叶图案算是我最喜欢的图案了。在我第一次制作组子装饰的面板时，我在一个面板中同时使用了两种大小不同的麻叶图案。我尤其喜欢将大图案放在右下角，将小图案放在其左侧和上方环绕起来的布局。由于正方形的边长增加一倍，其面积会变为原来的4倍，所以大麻叶图案会非常显眼。因此，最终得到的是一个视觉重心偏向一角的设计。这种突出某种元素的做法非常有效。

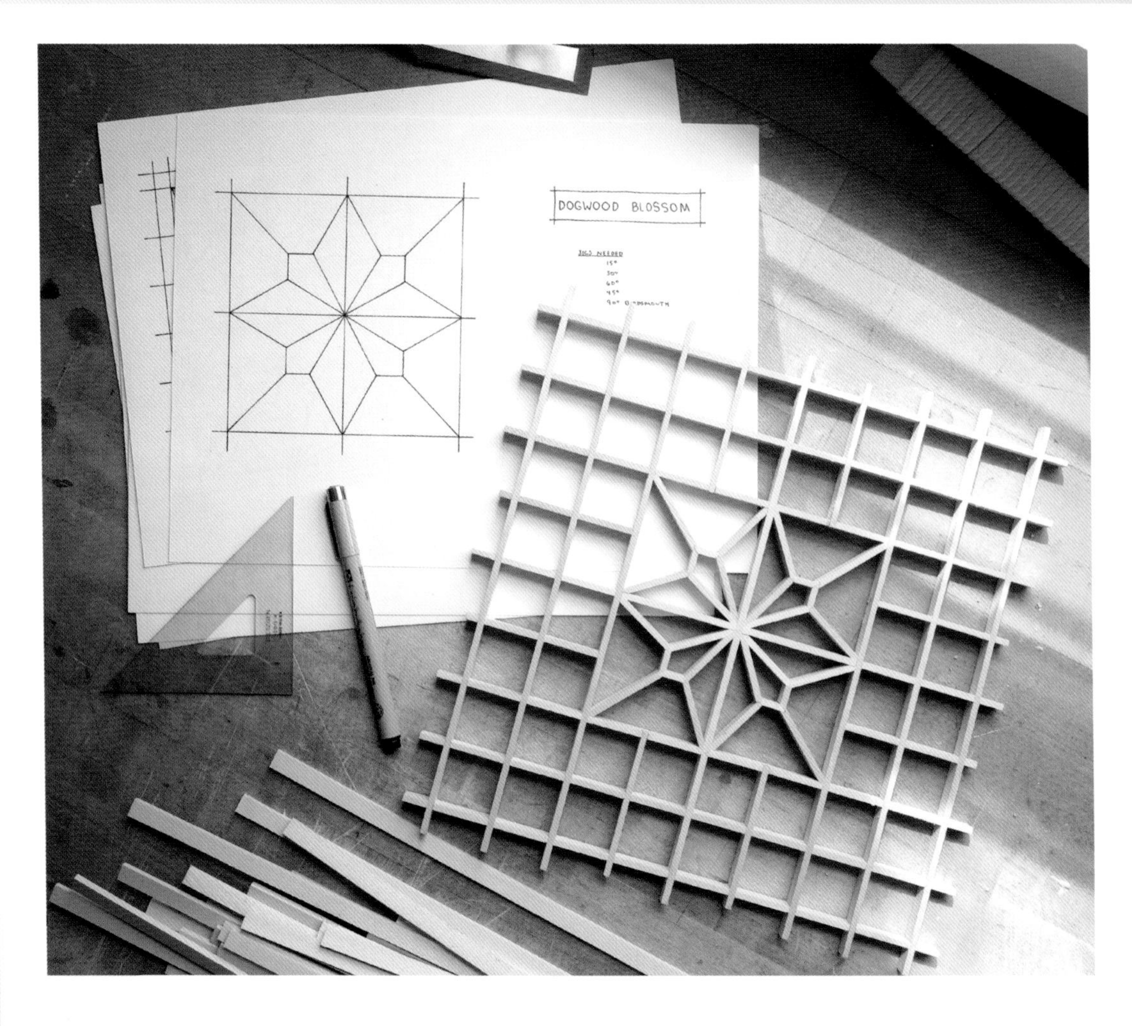

注意留白空间

有些图案，比如万花筒图案，木条占据的空间与留白几乎一样多,因为留白本身就是一种美丽的元素。在使用麻叶这样的图案时，你同样应该注意留白的作用。就我的个人经验而言，图案需要空间来“呼吸”，才能实现其全部的美感。过多的线条挤在一起，图案就会变得杂乱无章，并失去几何图形特有的魅力。图案做的太小也有同样的问题，麻叶会变得像一块实心木块，这是由于木条之间的空间过小，无法帮助图案维持其应有的形状。因此，图案在展开时必须包含足够的空间。

计算出框架间隔

以我的个人经验来说，在完全考虑好如何制作框架前就着手制作组子不是一个好主意。在做非常简单的事情之前，我多次错误地锯切框架木条的间距，并在此之后就消除了在使用台锯时所犯的错误。在开始制作之前，我会仔细地在方格纸上绘制框架图和图案。这些图只有一些简单的线条，但是它们能够让我准确确定框架木条的间距，并且能够决定制作框架需要准备多少个指接榫夹具。完成的绘图也能让我了解设计是否正确，并在制作过程中为我提供参考。

窄锯缝将其打开

我喜欢制作小巧精致的组子面板，但是当框架木条和填充木条均为⅛ in（3.2 mm）厚（与标准台锯锯片的锯缝宽度匹配）时，它们会变得特别拥挤。为了展开图案，我改用一款3/32 in（2.4 mm）厚的薄锯片来锯切框架木条的插口，并以同样的尺寸纵切得到框架木条和填充木条，使它们与锯缝宽度匹配，这样就能维持组子木条占用的空间和留白之间的平衡。当图案木条显得过于拥挤时，即使图案很大（见第148页），我也会换用薄锯片锯切木条。我准备了一个专门搭配薄锯片的滑板，并且锯片到靠山定位销的距离是⅜ in（9.5 mm）而不是常规滑板的½ in（12.7 mm）（见第6页）。不然的话，就与用两种不同的锯片制作组子没有任何区别了。

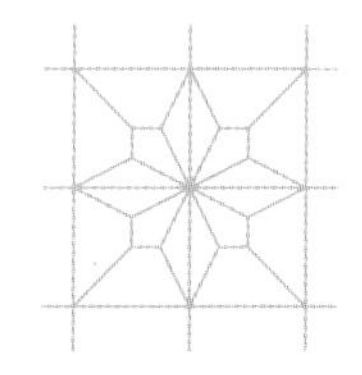

第11章

盛开的山茱萸图案

组子中心的这个图案是提取自屏风的较大的图案。更确切地说，是这个图案的一半来自屏风中的图案。见到这半个图案之后，我忽然觉得，如果将其镜像处理创造出一个对称图案的话，它看起来一定会非常棒。这让我想起了盛开的山茱萸，所以我就给它取了这个名字。这个组子图案的制作非常有挑战性，并且需要制作新的夹具（15°斜面引导夹具），但这些都是值得付出的。然而，我认为这个山茱萸图案非常与众不同，不停地重复反而显得俗气，因此我改用麻叶图案围绕在其周围。

框架图

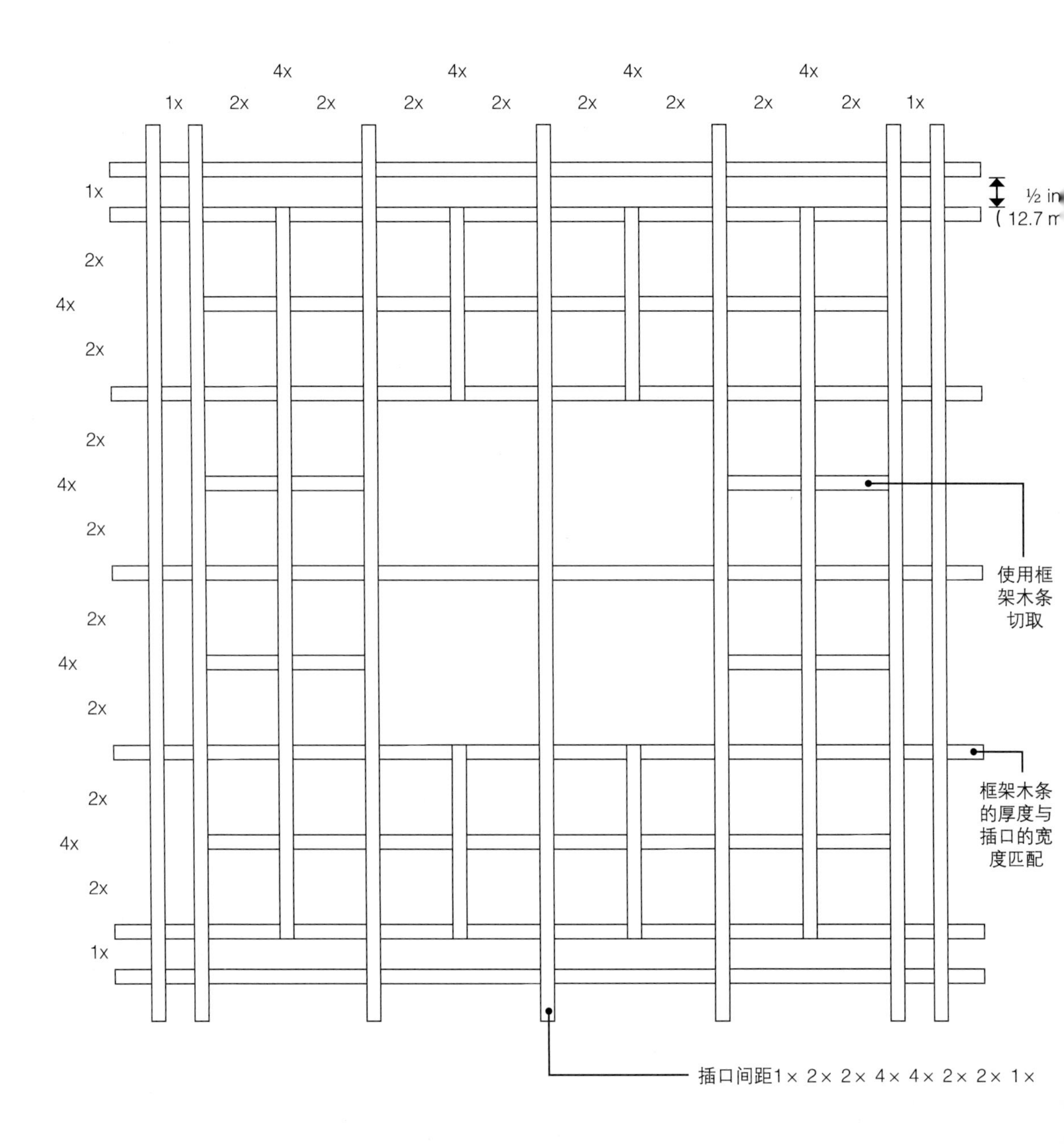
4x
4x
4x
4x
1x
2x
2x
2x
2x
2x
2x
2x
2x
1x
1x
2x
4x
2x
2x
4x
2x
2x
4x
2x
2x
4x
2x
1x
½ in
(12.7 m
使用框架木条切取
框架木条的厚度与插口的宽度匹配
插口间距1× 2× 2× 4× 4× 2× 2× 1×

图样

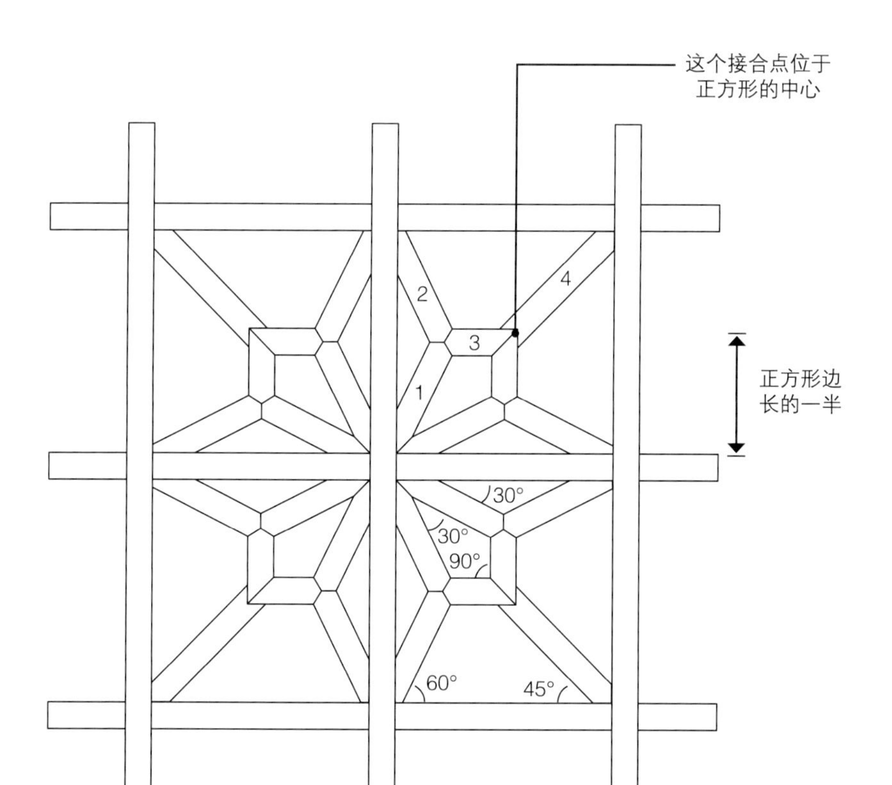

框架部件

框架木条（22）

图案部件

铰链木条1（8）
铰链木条2（8）
铰链木条3（8）
锁定木条（4）

斜面引导夹具

15°
30°
45°
60°
鸟嘴夹具

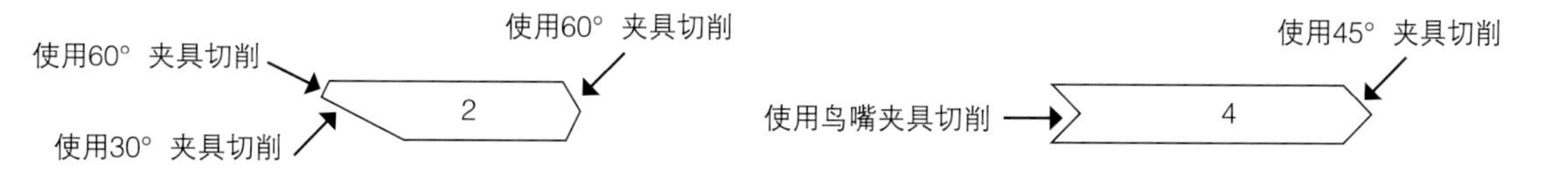

花朵木条的细节（未按比例绘制）

一次处理两种铰链木条

这个图案包含两组铰链木条。一组铰链木条形成V字，然后插入4个正方形的交汇处。另一组铰链木条组成一个直角，从相对侧的转角方向伸出，与构成V字的两根木条相交。首先为木条插入转角的末端切削斜面。每组木条都需要8对儿，因此需要分别制作10对。

带有15° 斜面的铰链木条1

这两根木条在直角处相交，因此任何一端的两个斜面加起来一定要是45° ，并且它们需要在木条厚度的中心相交。不要担心，制作过程并没有听起来那么困难。

1.首先切削两个30° 斜面。因为它们使用的是相同的限位块设置，所以两个斜面会在厚度中心相交。

2.将其中一个斜面切削到15° 。设置限位块，以便最后一次切削能在两个斜面的相交处形成一个清晰的边缘。最好放慢速度，分几次完成这一步。注意观察30° 斜面的残余部分，可以将其用作视觉指示器（因为它最终会消失）来观察15° 斜面何时到达中点。

修剪中心正方形的截距角

这个组子框架与之前制作的不同，因为有些木条不会穿过整个框架，它们在到达图案中央的4个大正方形时就会停止。从长的框架木条上切取所需的短木条；在短木条两端的插口中涂抹胶水，将木条粘在框架上。待胶水凝固后，剪掉凸出在中心正方形中的截距角，并用凿子向下切削将木条末端处理齐平。调整截距角的方向，使插口位于框架底部。在切削时，用台面为框架木条提供支撑，以避免撕裂。

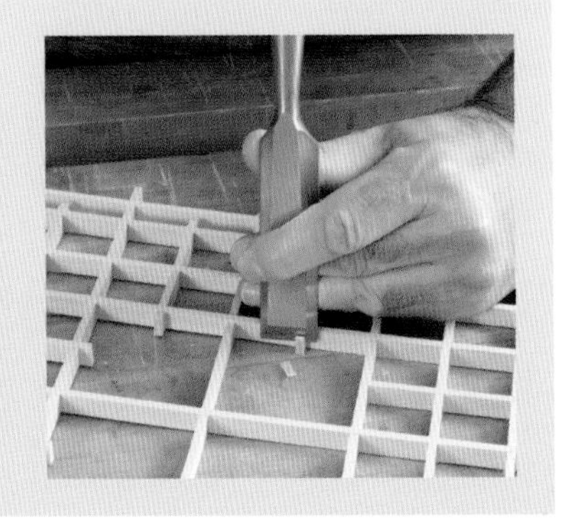

带有60° 和30° 斜面的铰链木条2

由于60° 斜面比较陡，所以要先切削60° 斜面，并且木条的两侧都要切。两个60° 斜面会在厚度中心相交，接下来，你就可以利用这条交汇线在正确的位置切削30° 斜面了。

3. 先使用60° 夹具。设置限位块，切削木条的一侧，然后翻转木条，切削出木条另一侧的斜面。

4. 设置30° 夹具。使交汇线与引导斜面对齐并切掉该斜面，但是更好的做法是，稍稍向内调整限位块，使切削出的斜面稍向内移动。

5. 重新切削60° 斜面。切出30° 斜面后应该会留下一个非常小的60° 斜面，它看起来就像是用凿子切削出的第二个斜面。将限位块向内移动，再切削一次。重复这个操作，直至30° 斜面与60° 斜面正常相交。

修剪木条长度

铰链木条1和2的长度相同，使这步操作简单了很多。然而，要确定它们的正确长度，需要同时使用一对铰链木条。它们应该在正方形的中线处相交，并且转角处没有任何缝隙。

6. 这一端有两个60° 斜面。先切削出一个，翻转木条，切削出另一个。

7. 同时测试4根铰链木条。这有一点棘手。可以先将V字拼接到位，然后从剩下的铰链木条中选择一根将V字夹紧。这样你就可以腾出一只手，来放置最后一根铰链木条。

8. 将V字的两根铰链木条粘在一起。确定木条长度后，涂抹一些氰基丙烯酸酯胶将15° 斜面胶合在一起，这样会使整个图案的组装变得简单。

封口

铰链木条1和2交汇形成了两个120° 的鸟嘴形接口，需要制作两根铰链木条3与其接合。两根铰链木条3的另一端组成一个直角。从技术上讲，这并不难做，但是由于木条很小，所以在切削斜面时很难将其固定在夹具中，至少对于我这样的粗指大手是这样的。

9. 铰链木条3的一端有两个60° 斜面。这是与鸟嘴形接口接合的一端，两个斜面在厚度中心相交。

10. 铰链木条3的另一端只有一个45° 斜面。两根铰链木条3通过45° 斜面完成斜接。最好切削出60° 斜面之后再切削45° 斜面，因为如果先切削45° 斜面再切削60° 斜面的话，45° 斜面的前缘很容易滑入到限位块的下面。

11. 保持直角。如果铰链木条3过长，它们拼接在一起时只能形成锐角，而非直角，且鸟嘴形接口处会留有缝隙。在长度正确的情况下，两根铰链木条3会形成一个直角。通过目测很容易确认直角。

锁定

就要完成了。幸运的是，可以先切削出锁定木条的鸟嘴形接口，然后再用45° 夹具修剪其另一端，得到所需长度。我猜这一步最难的部分就是将所有铰链木条固定到位，这样你才可以确定锁定木条的长度。我很想为你提供完成这步操作的秘诀，但是很遗憾，这一步实在找不到秘诀。可以尝试不同的固定方法，看看哪一种最适合你。

12. 切削鸟嘴形接口。需要制作4根锁定木条。此时长度对于它们并不重要，至少在其长度超出所需长度的情况下是如此。像制作斜接正方形图案（见第91~94页）那样切削鸟嘴形接口。

13. 修剪木条长度。由于锁定木条的另一端要插入直角中，因此这一端的两个斜面均为45° 。通常来说，锁定木条开始时要切得长一些，最后再将其修剪至所需长度。

14. 保持木条紧密接合。需要额外增加一点压力才能将锁定木条插入，因为这个图案包含很多可移动的部件，它们都需要“刚刚好”的紧密接合。在插入锁定木条时，所有木条的斜面都要紧密贴合。

12

13

14

15

16

15.镜像图案。4个正方形内部的图案都是相同的。把它们放在一起，就组成了一个盛开的花朵图案。

16.环绕山茱萸画制作麻叶图案。我喜欢用麻叶图案组成的外围，它们使山茱萸真正绽放开来。这看起来非常棒。回顾一下麻叶图案的制作方法吧。

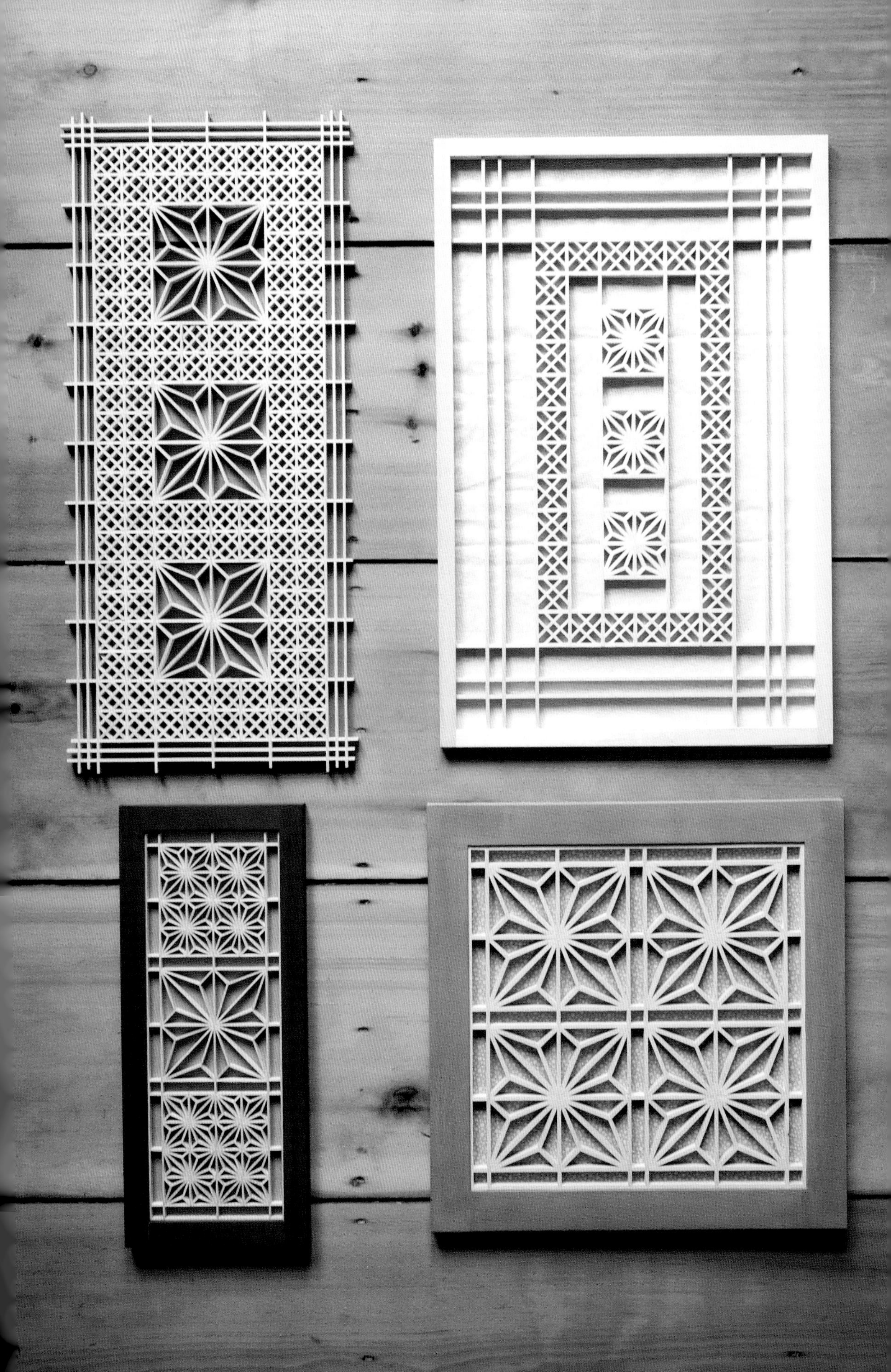

第 1 2 章

装饰性面板

目前学到的图案都很漂亮，但它们只是一个开始，还有很多图案可以供你继续学习。接下来的10种图案只是你运用组子进行艺术创作的开始。组子充其量只是创作者美好生活追求的物质性表达。因此，设计图案并将其用作创造新事物、创作美丽的作品，以及表达自己爱这个世界的独特方式的元素。不要害怕改变组子的大小，在对其作用有了充分了解之后也不要害怕打破既有规则。我的井字图案已经修改了好几次了。

面板1

当几个麻叶图案簇拥在一起的时候，组子看起来会很惊艳，但是如果把它们无缝地放在一起无疑显得很杂乱，所以我通常会制造一个边界将麻叶分隔开。这是一个简单优雅的设计。这样的布局无疑是漂亮、均衡和和谐的。

框架图

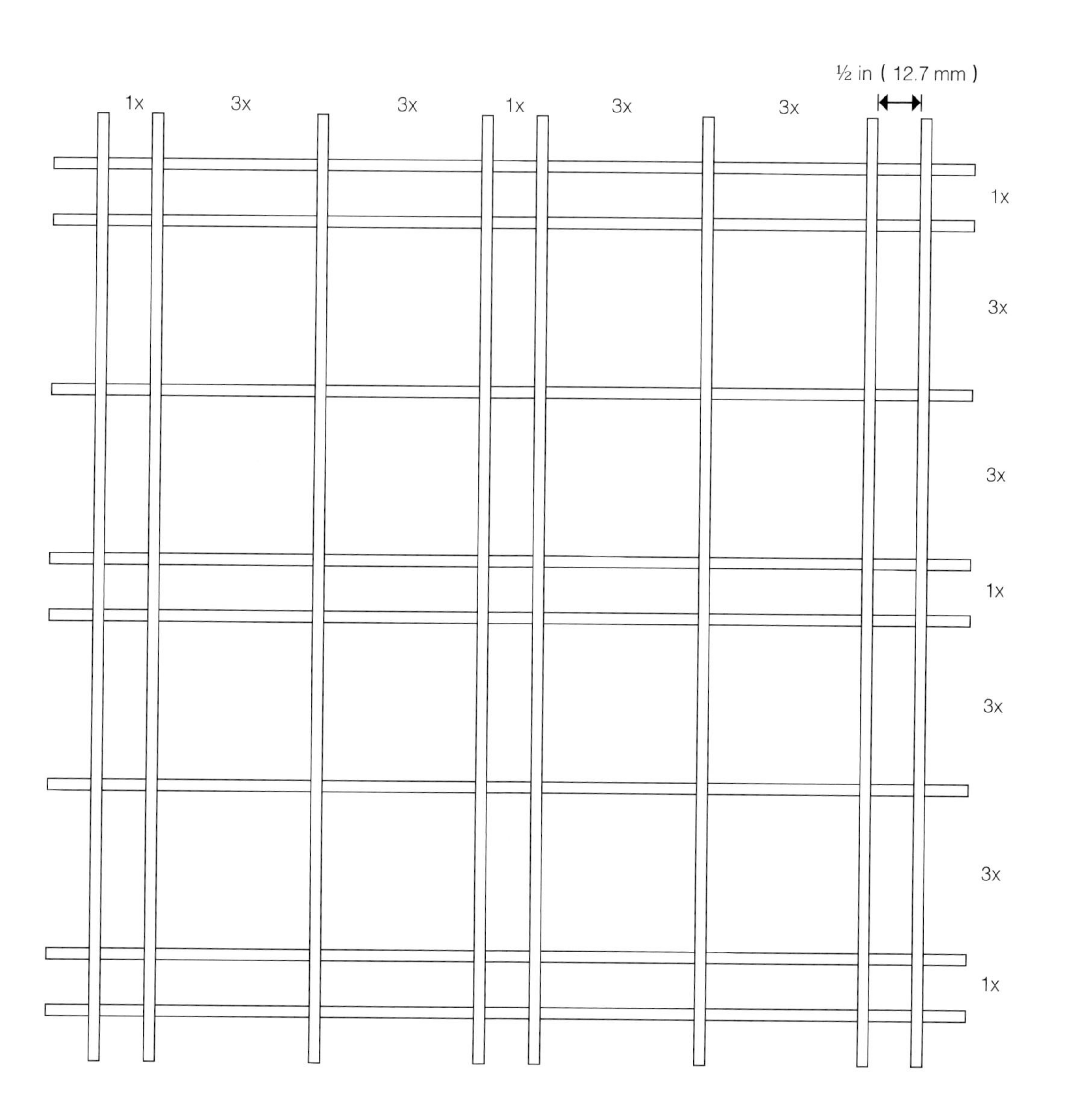

面板2

这是我创作的第一个组子图案，它至今仍是我最喜爱的组子图案之一。右下角的麻叶大而醒目，同时并不过分。5个较小的麻叶则为这个不对称的图案提供了平衡。从这次创作中，我体会到的最重要的一点是，即使是单一的图案，也可以通过其不同大小的组合创作出华丽的整体造型。

框架图

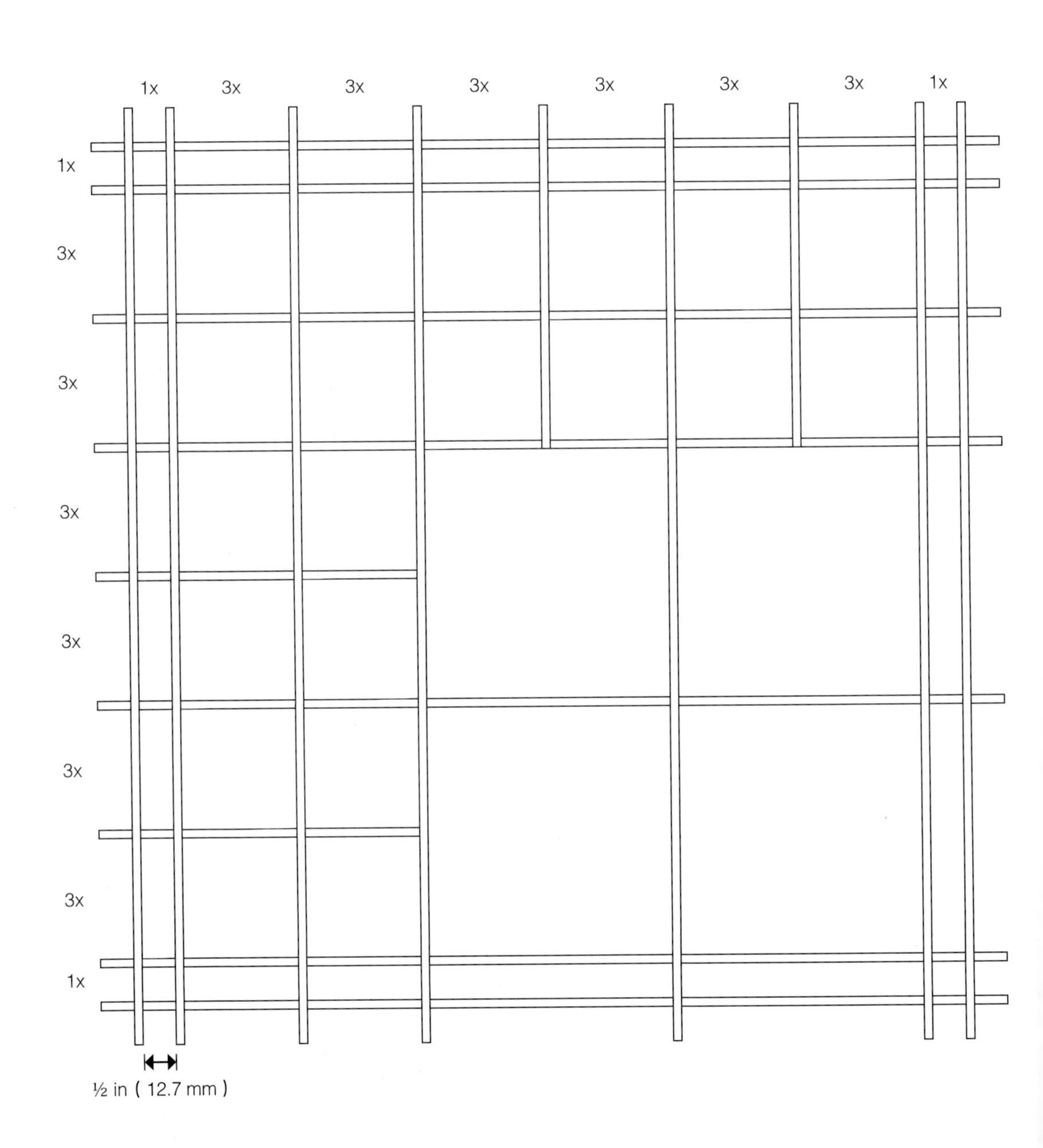

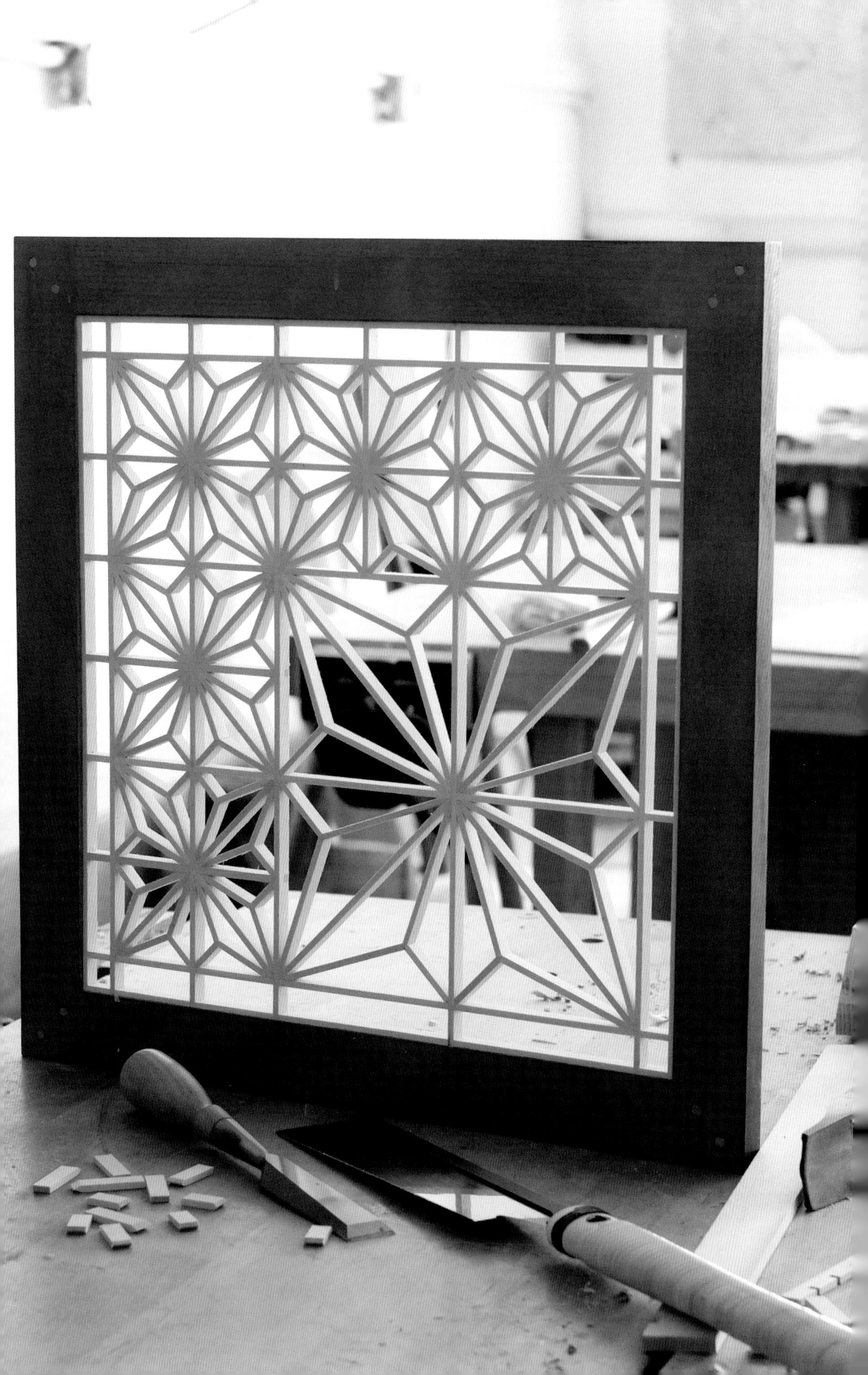

面板3

你要是真的很喜欢制作组子，那就试一下这个图案。需要制作很多填充木条，而且其中一些木条很小。当我在完成重复性并需要体力的工作时（手指会得到锻炼！），我会制作一小堆木条，并且一次只制作这些木条，这样我就能告诉自己，我不需要参加整个马拉松，只要分步完成计划即可。同时我也会放一些好听的音乐。

框架图

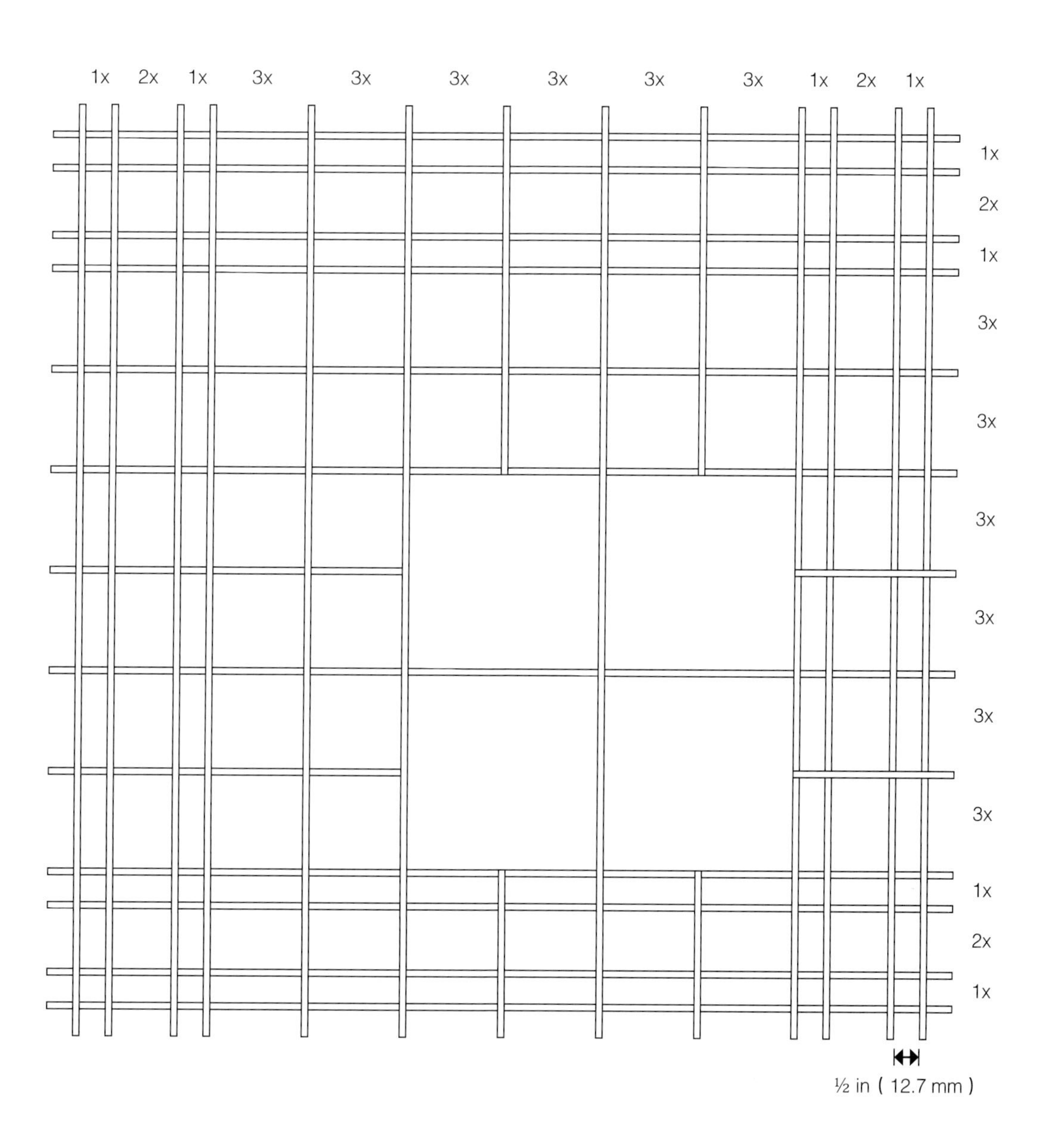

面板4

这个面板是我为一个朋友设计的。我喜欢其整体对称性中包含的不对称（两种大小的麻叶）的美。这个图案能让我冷静，而且中间的麻叶簇也很可爱。叶子的密度使整个图案看起来很有力。虽然它不够精致，但仍然很吸引人。

框架图

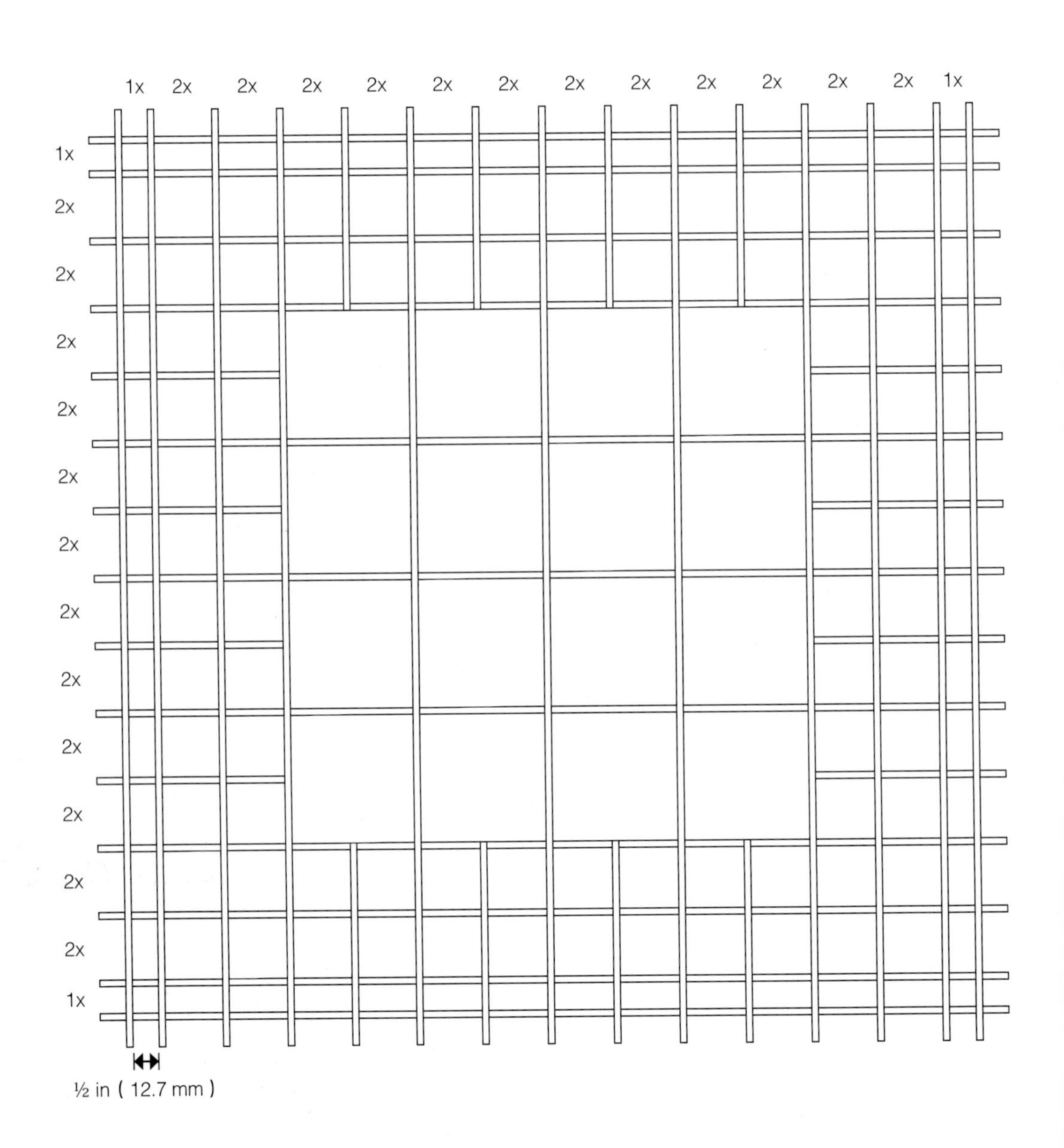

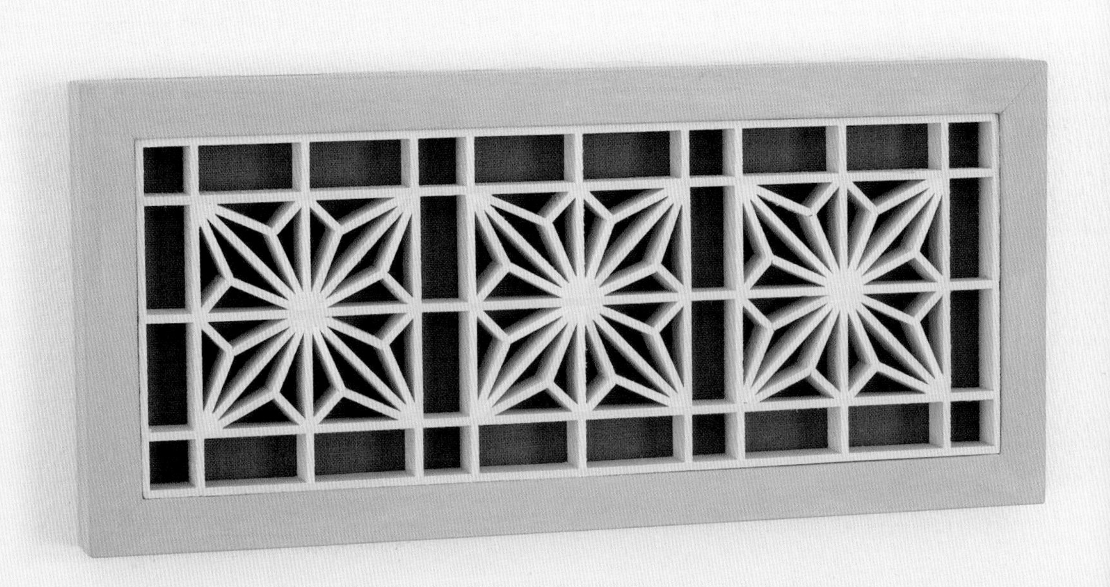

Canon
CANON LENS SH
30mm 1:1.7
CANON INC

面板5

我喜欢小巧精致的东西。这个面板则两者兼有。它很简单，但于简单之中蕴含着极强的美感。这个设计的简单性使麻叶绽放美丽，也使其重复性的和谐体现出来。为了确保足够的留白，需要用薄锯片锯切插口和边框木条。

框架图

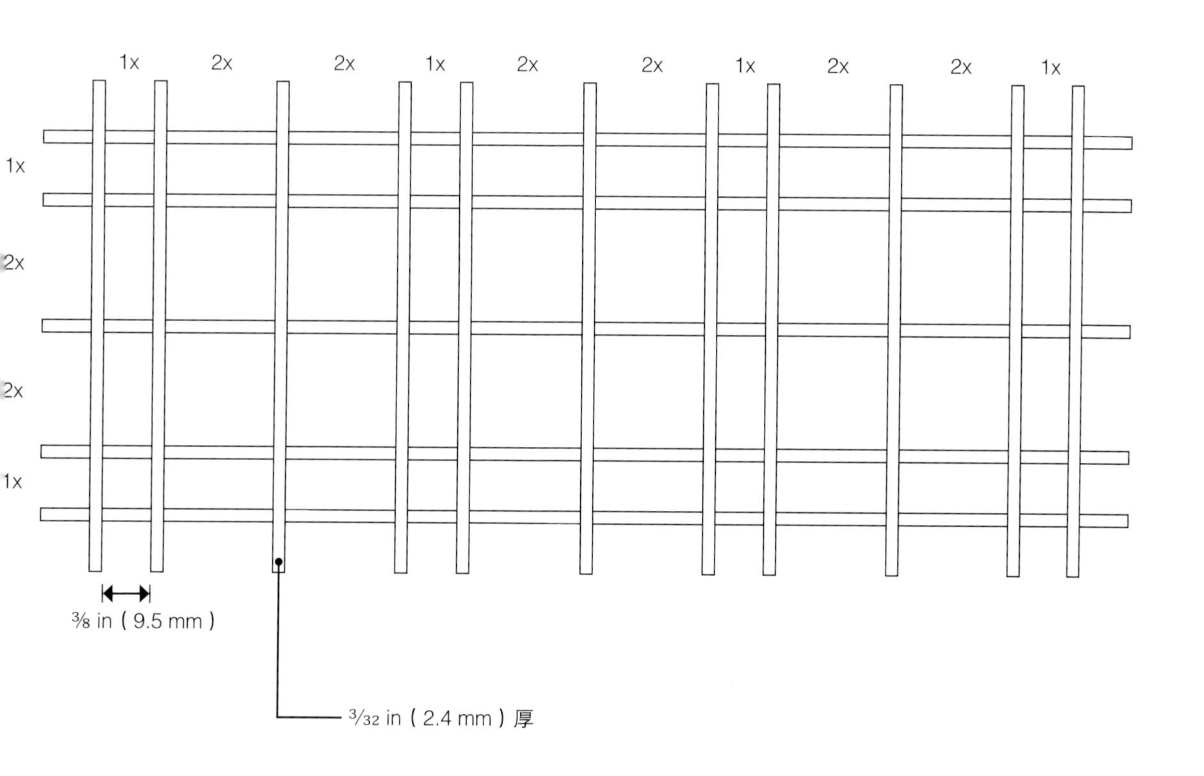

面板6

空灵，小巧精致。这些提升了制作难度。我很喜欢该面板几乎悬空的样子。但我想告诉你，简单意味着困难。这是截至目前我分享过的组子图案中最具挑战性的一个。这里提供一个小技巧：先锯切出所有的窄插口，然后用开槽锯片锯切出外围框架的宽插口（使用最外层的窄插口和定位销来确保宽插口的间距相同）。此外，围绕在3片麻叶周围的是旋转了45° 的井字图案，可以像制作广场舞图案那样锯切斜面。我使用的是薄锯片而不是标准锯片。

框架图

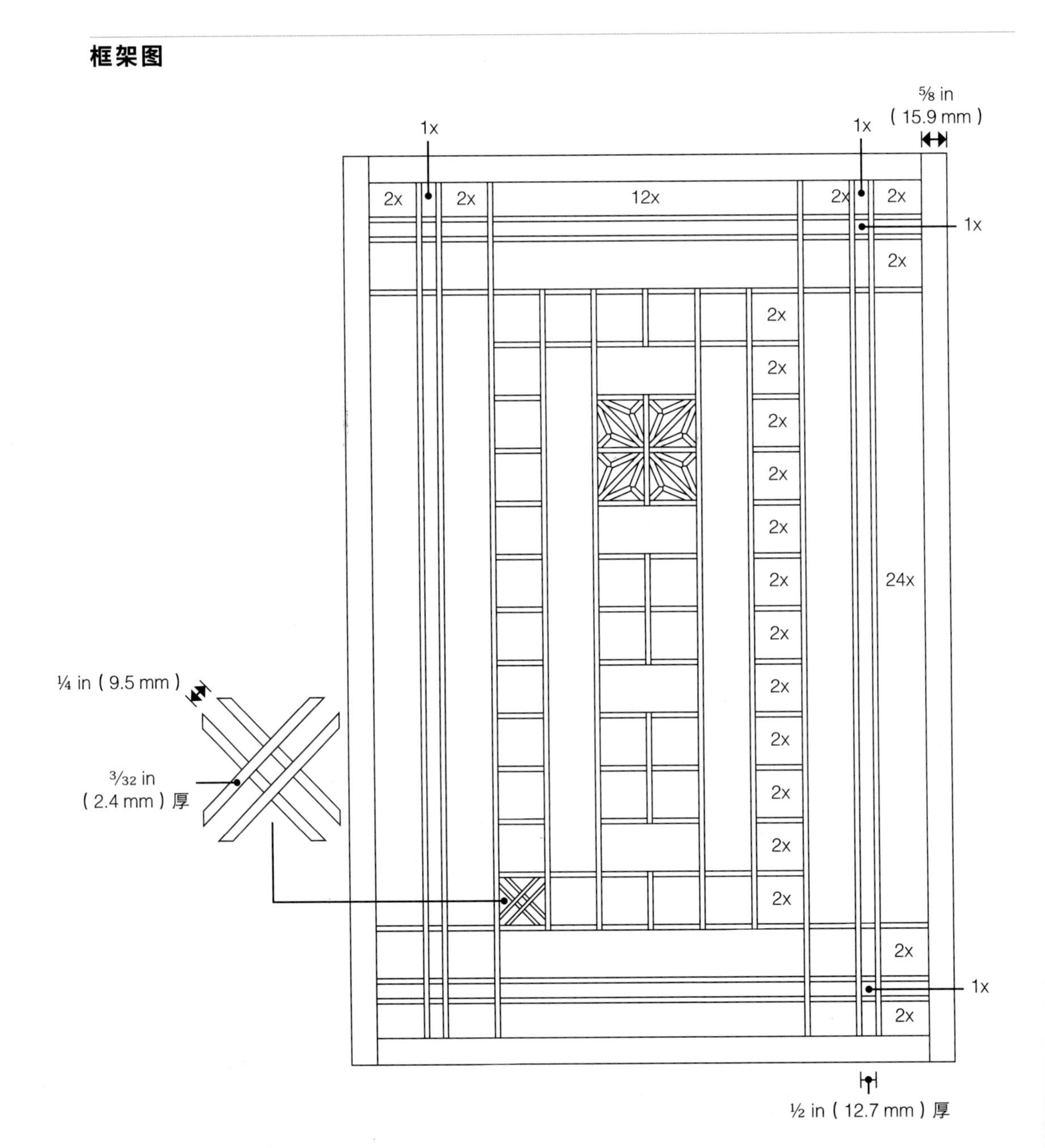

YASHICA
MAT-124
YASHICA
COPAL-SV

面板7

在为对我来说很特别的人制作组子的时候，我会全力以赴。所以，就有了这件作品。这就是一堆麻叶，但是一个大的居中，其他小麻叶居于上下，形成了非常微妙的平衡。这件作品小巧、精致、优雅。我用普通的台锯锯片锯切插口，薄锯片也有同样的效果，而且还使制作铰链木条的过程变得更容易，因为这些木条通常更厚一些。

框架图

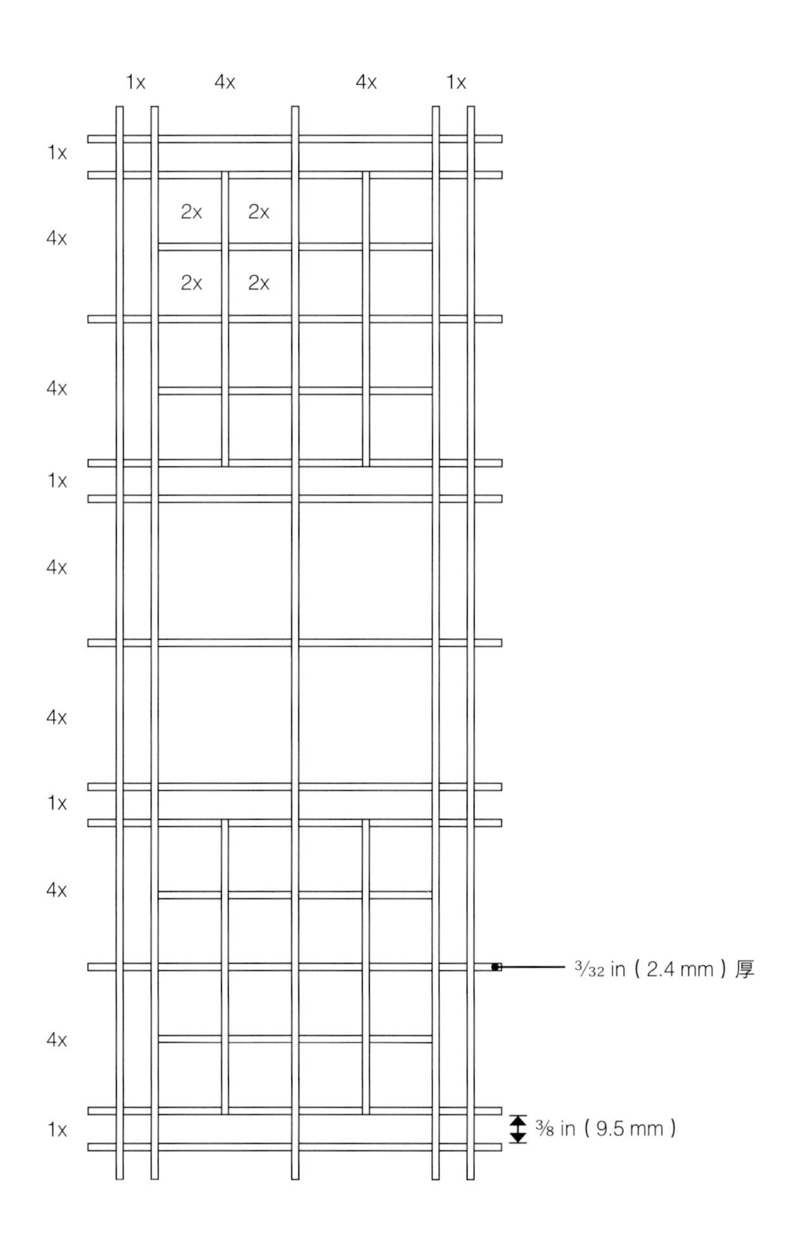

面板8

现在我们介绍如何混合不同的图案。我选择了用手牵手图案环绕成簇的麻叶。由于留白相当多，手牵手图案很好地平衡了图案中央密集的麻叶。我同样也很喜欢手牵手图案中或完美水平、或完美垂直的线条，它们很好地衬托了中央的麻叶图案。

框架图

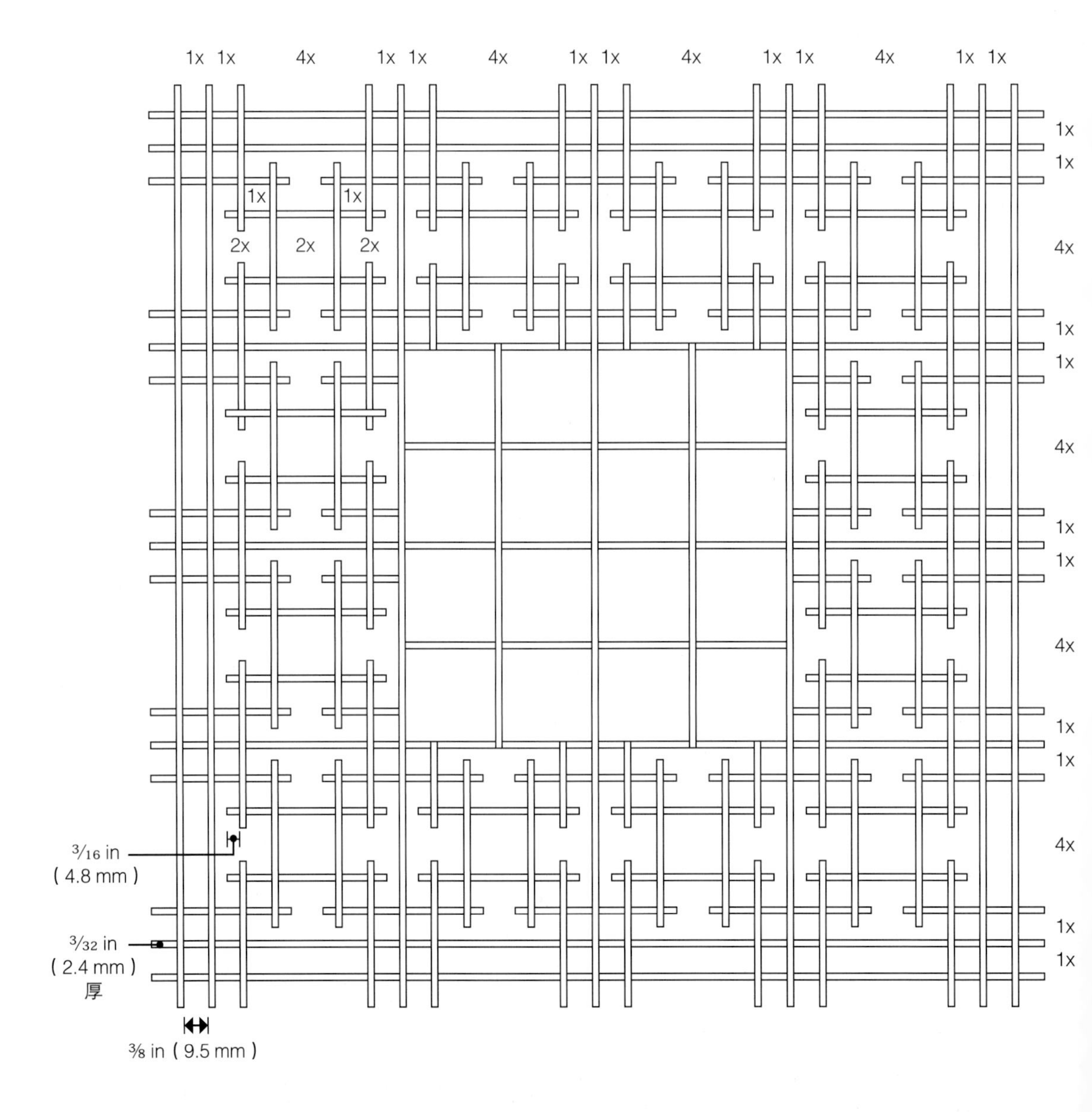

Canon
ERSKINE CALDWELL TOBACCO ROAD GEORGIA
ERSKINE CALDWELL JOURNEYMAN GEORGIA
ERSKINE CALDWELL GOD'S LITTLE ACRE GEORGIA

YASHICA
MAT-124

面板9

图案越简单，制作起来就越难。大小也是一样。图案越小，制作难度就越大。这件作品包含112个小广场舞单元，其制作技术与前面讲述的完全相同，但是大幅缩减的部件尺寸让制作过程变得极具挑战性。祝你好运。

框架图

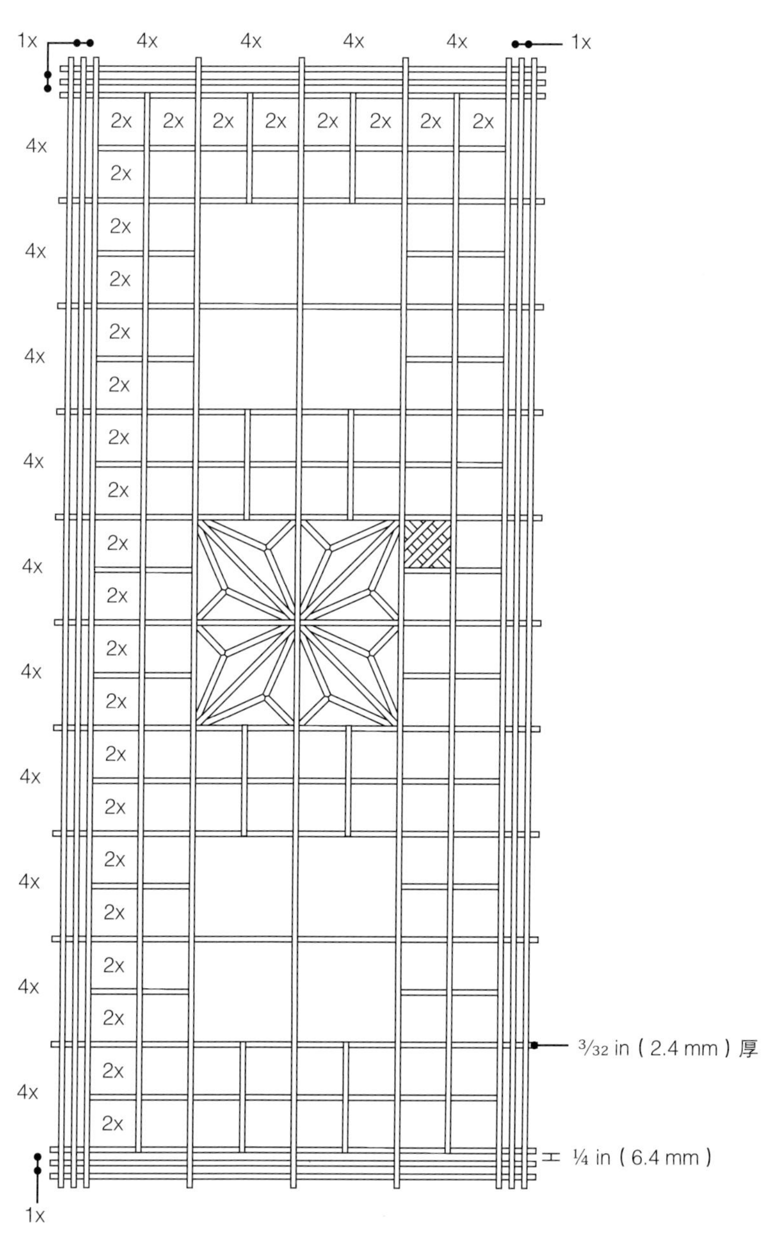

面板10

播放好听的音乐，静下心来。与你的社交生活（还有孩子，如果有的话）道别。这件作品包含1 100多根木条、132个龟甲正方形和16个麻叶。而且，它们都很小。但是它对得起你的付出。图案的这种混合使用非常符合现代家具设计的要求，特别是在你试图呈现某些古典家具风格的时候。

框架图

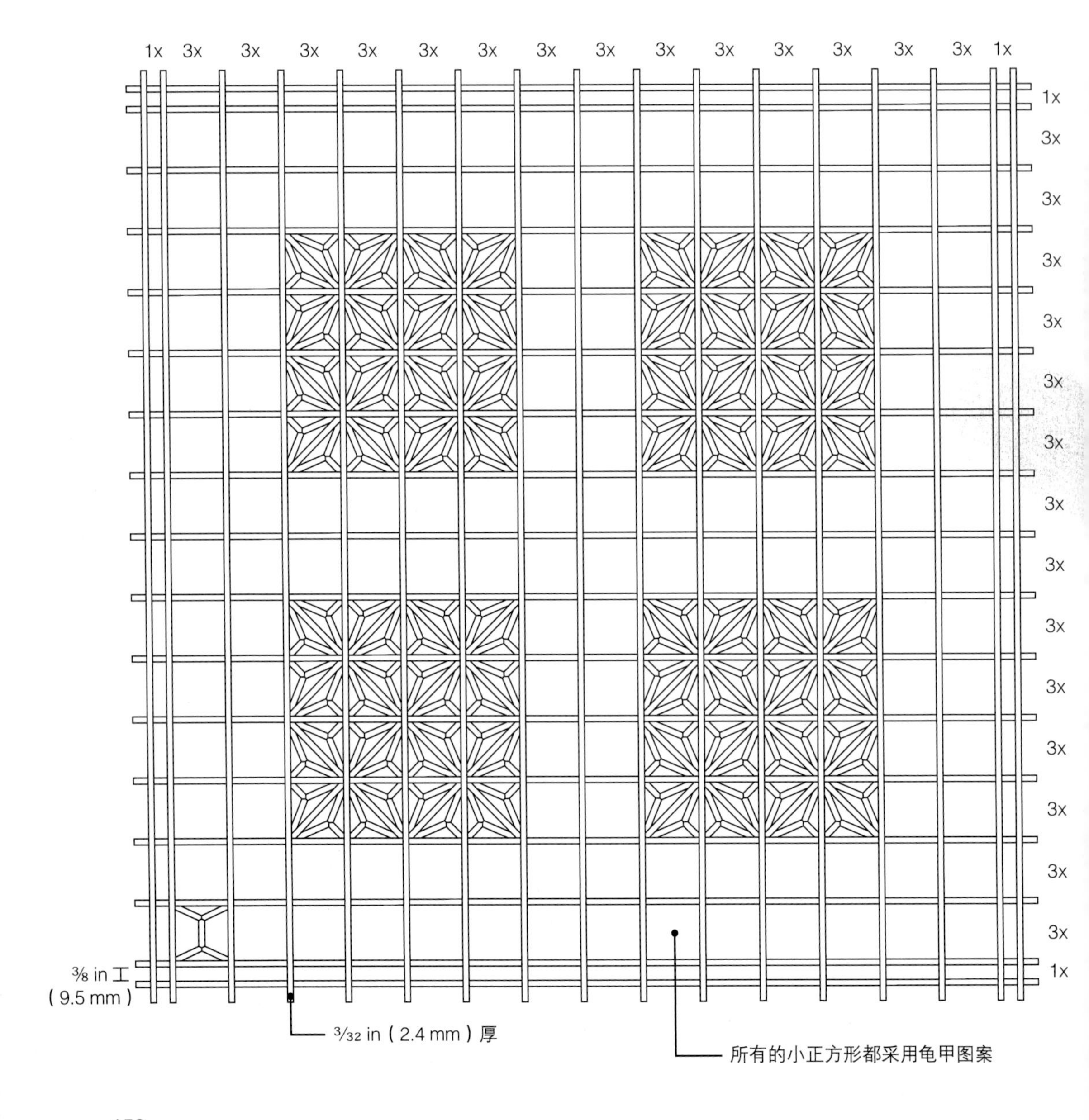

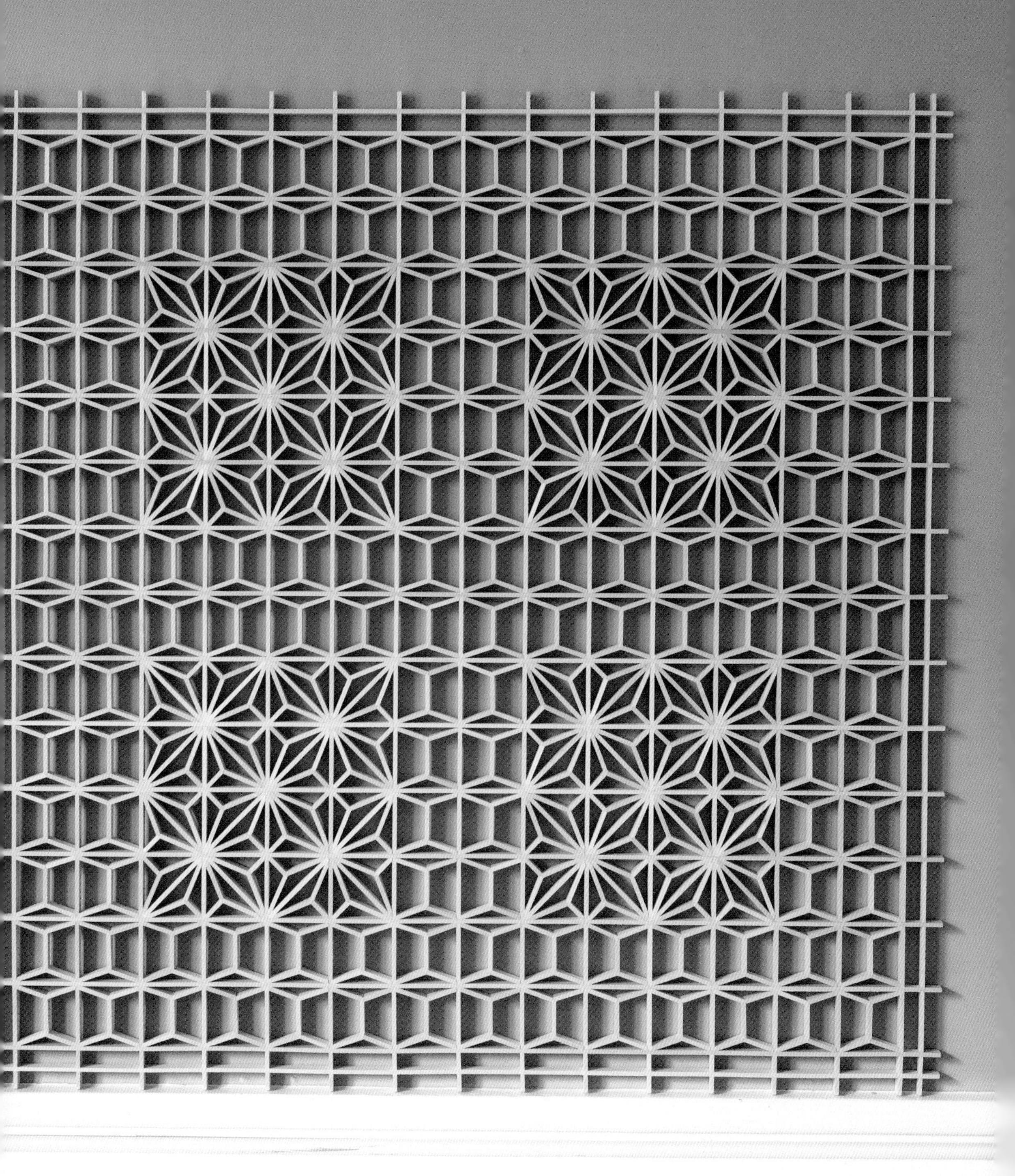

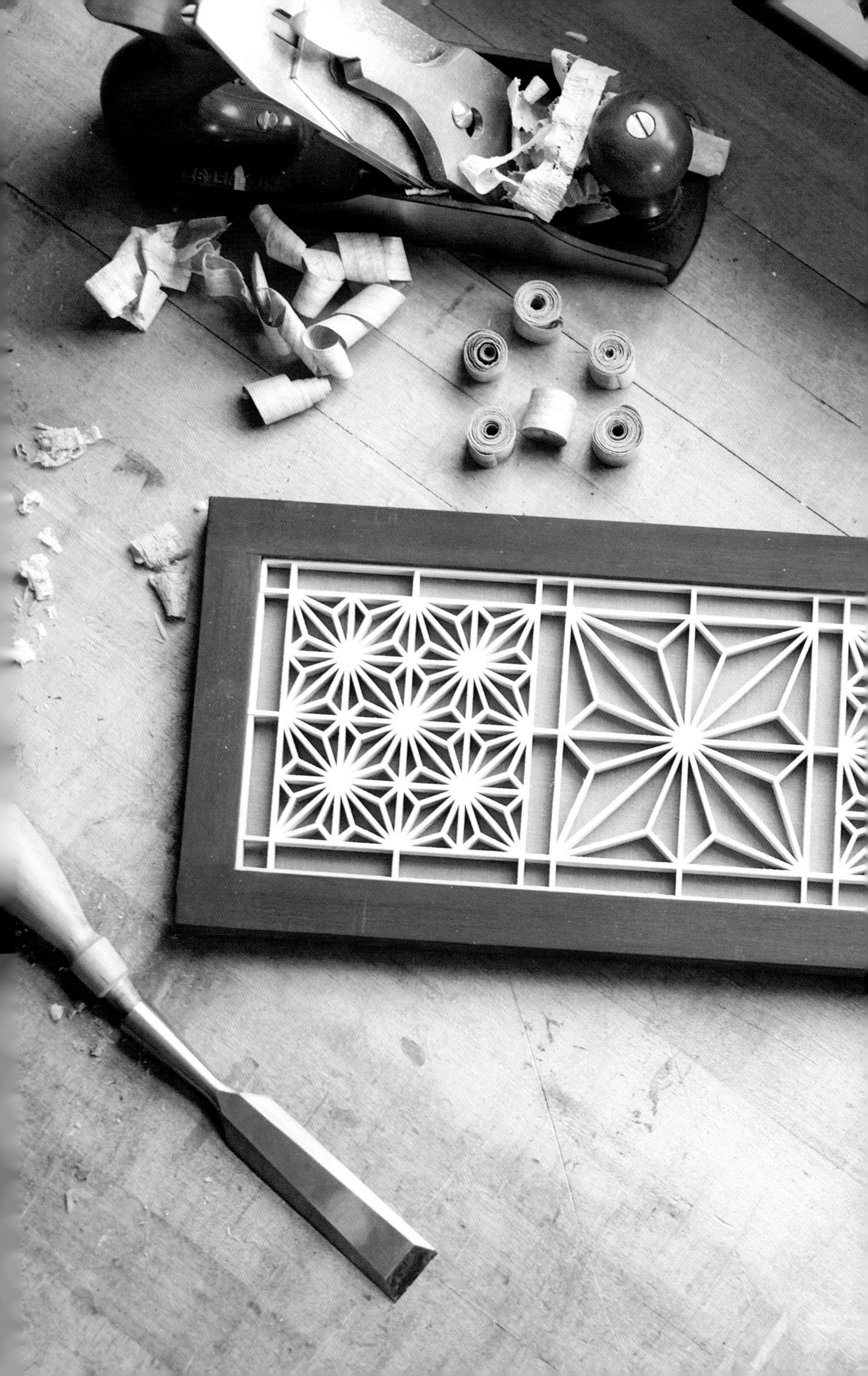

单位换算

在这本书里，长度单位都是英寸。如果你需要将这些数值转换为公制数值，请使用下面的公式。

英制转换为公制

英寸数值乘以25.4，得到毫米数值

英寸数值乘以2.54，得到厘米数值

码的数值乘以0.9144，得到米的数值

举例来说，如果你想把1⅛ in（28.6 mm）换算成毫米，计算如下：1.125×25.4 mm=28.575 mm

将2½ yd换算成米，计算如下：2.5×0.9144 m=2.286 m